就農は「経営計画」で9割決まる

# 農業に転職！

Changing careers in agriculture

有坪民雄
Tamio Aritsubo

プレジデント社

# はじめに

「農業は衰退産業である」

「農家に縁のない自分にはノーチャンスだ」

――そんなふうに思っている方はいませんか？


実は、そうだともいえない事実があります。

農林水産省によれば、２０００年に約２３３万戸いた販売農家数（経営耕地面積が30アール以上で、販売金額が50万円以上）は、２０１８年には約１１６万戸とおよそ半数に減っています。

さらに、新規自営農業就農者も減少傾向にあります。この新規自営農業就農者とは、簡単にいえば家業である農家を継いだ人のことです。

しかしながら、新規雇用就農者や新規参入者は、次ページ図のとおり増加傾向にあります。

新規雇用就農者や新規参入者は、普通のビジネスパーソンが農業生産法人に転職したり、農業で起業をしたりといった人を指します。

おそらく本書を手にとってくださったみなさんの多くは、こうした異業種からの参入を考えていることと思います。

49歳以下の新規就農者の推移（就農形態別）

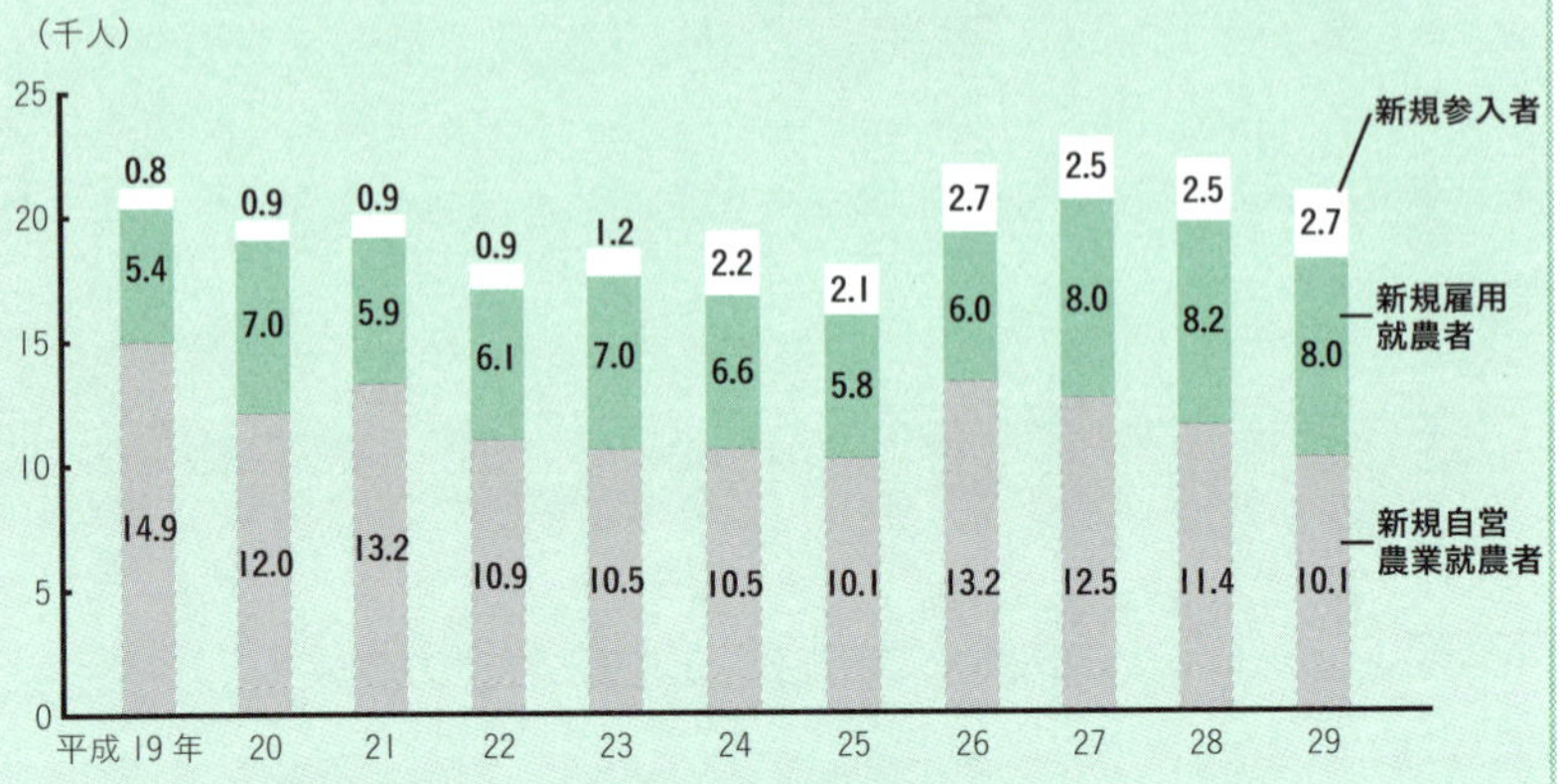


※新規参入者については、平成26年調査から従来の「経営の責任者」に加え、新たに「共同経営者」を含めたため、利用に当たっては留意されたい
※農林水産省「平成29年新規就農者調査」より抜粋

では、なぜ異業種から農業に転職する人が増えているのでしょうか。大きなポイントとしては次の3つがあげられます。

「自分らしい生き方をしたい人が増えている」
「さまざまな就農支援が作られていることによって、参入障壁が下がっている」
「新規就農者のためのメディアが増えている」

自分らしい生き方をしたいというのは、人間なら誰しも思うことでしょう。しかし、多くの人が勤務する会社というところは、ある種自分を押し殺さないといけない嫌いがあります。

自分を押し殺すのは不愉快なことですが、多少の不愉快を我慢していれば、高い給料を得られて幸せに暮らすことができた昭和の時代なら、我慢のしようもあったでしょう。

今は違います。バブル崩壊後、日本経済は後退を余儀なくされ、多くの会社で、頑張ってもそれに見合う給料を得られないようになりました。

「会社で頑張っても、たいした給料を得られない。どうせ高収入を得られないなら、せめて自分の好きな仕事をしたい……」。そんなことを考える人にとって、農業が魅力的な職業になってきているのでしょう。

また、現代は農業の危機が叫ばれていることもあって、新規就農したいという人を支援する体制が作られつつあります。

農業の勉強をしたい人のためのセミナーのようなものから、就農前後数年の生活費の補助まで、官民関係なく多くの選択肢が用意されるようになりました。

さらに、農業メディアが増えた結果、情報が増えていることも新規就農の増加要因になります。私ごとですが、約20年前、『農業に転職する』という本を書きました。その当時、新規で農業を始めるためのノウハウ本は、ほぼ皆無でした。

極私的な体験談を綴った本こそあれ、それらは汎用性に欠けていました。

そもそも新規就農関係の本で「経営計画」の重要性を説いたのは、『農業に転職する』が初めてだったのです。おかげさまで拙著は好評となり、その後「新規就農」に関する本が増えていきました。今では大きめの本屋さんに行くと、新規就農に関する本がたくさん出ています。

もちろんそれ以外にも、インターネットの発展によって、新規就農に関する情報が得やすくなっていること、ビジネス誌である『週刊ダイヤモンド』が、定期的に農業特集を組んでいることなどによって、新規就農に関する情報が広がっていきました。

では、新規就農の関連書籍が増えてきたなか、なぜ今回この『農業に転職！ 就農は「経営計画」で9割決まる』を執筆しようと思ったのか。それはほかでもなく、農業に関する情報に偏りがあると感じているからです。

農業は農家であっても、農学者であっても、新規就農支援機関のアドバイザーであっても、全貌を掴んでいる人はほとんどいません。

それにもかかわらず、自分が見てきた・経験してきたものを、さも普遍性があることのようにうたっている本や、農業が専門外で、さして勉強しているわけでもないにもかかわらず、農業論を語る知識人もいます。

農業や農家について、多くの人が教えられていることには誤解が多すぎる……。そこで私は、2018年12月に『誰も農業を知らない』（原書房）という本を出版しました。同書では、主に農業について一般の人が、どこをどう誤解しているのかを書かせていただきました。

農業に新規参入する人や会社も重要なテーマのひとつで、そうした文脈から新規就農者の適性についても触れましたが、本の性格上「じゃあ具体的に新規就農者はどうすればいいの？」という問いに答えたものにはしていません。新規就農のノウハウは、本の一節で触れる程度で済むほど少ないわけではないからです。

今は新規就農する人にとって、必要な情報はおおむね提供されてはいると思いますが、情報の品質は玉石混淆、いいものも悪いものもあるのが実情です。

このままでは、せっかくチャンスに満ち溢れている農業であるのに、悪い情報を信じて就農し、「こんなはずじゃなかった」と失敗してしまう人が増えていってしまうのではないか……そう思ったのです。

## 新規就農で一番重要なのは「経営計画書」

農業に転職するにあたって、具体的に何をすればいいのか。本書は、その問いに対する私の答えです。

そしてそれは非常にシンプルです。といいますか、すでにタイトルに書いてあるとおりになります。すなわち……

「経営計画」をしっかりと作ろう！

これに尽きます。新規就農に必要なのは、一にも二にも経営計画です。経営計画さえしっかりとできていれば、農業はうまくいきます。少なくとも生活をしていくだけの糧を得ることはできます。

もちろん経営計画以外、つまり残りの1割の要素も重要です。たとえば、就農直後にやってはいけないことや地域別の「経営モデル」は、ある程度把握しておく必要があります。ＪＡという愛称でも知られる農業協同組合（農協）や農村社会、各種業者との付き合い方でも、留意すべき点があります。10～20年後の農業を左右するＩｏＴ（モノのインターネット）などの「技術革新」についても、頭に入れておくほうがいいでしょう。

それでも、新規就農における要素のなかで、経営計画はずば抜けて重要です。それはなぜでしょうか。ずばり、ほとんどの新規就農者にとって、「就農支援機関」の存在が欠かせないからです。新規就農の相談窓口にいるアドバイザーたちは、「成果はないのに忙しい」状態にイライラしています。なぜなら、本気で支援するに値する新規就農希望者がほとんどいないからです。「農業をやりたい」とやってくる人はたくさんいますが、その多くが「どんな農業をしたいのですか？」「何を作りたいのですか？」と聞かれても答えられない。答えてもせいぜい「野菜を作ってゆったりと暮らしたい」という程度のことしか言わない、言えない人がほとんど。

「こんな人を支援しても失敗する……実際、過去にこんな人を信じて何度も失敗してきた……」

新規就農支援機関のアドバイザーはそう思うから、「実際やるのは難しいですよ」と言っては就農志望者を追い返すのが主な仕事になっていました。

そんなことばかりしていては本来の目的である新規就農者を出せません。すなわち成果は出ません。イライラするのも当然です。

逆の見方をすれば、就農を支援する窓口に行って、「農業をしたい」と言って相手にされないのは、就農希望者の本気度がわからないからです。

その本気度を伝えるには、経営計画を立てるほかないということです。

事実、一生懸命に「経営計画書」を作成してから窓口を訪れた人は、まったく違う扱いを受けました。身を乗り出して真剣に話を聞いてくれるのです。

そのうえ、「この人に向いている就農地はどこだろうか？　A地区に空いている農地があるが、農業初心者にいきなりあの大面積の農地を使いこなせというのは難しいかもしれない。それならB地区はどうか……？」と、次々と具体的な就農イメージを膨らませてくれます。

ときには、適切な就農地が思い浮かばなければ、自分の管轄外にも手を広げて探そうとしてくれることもあります。

経営計画書をきちんと作成し、本気度を伝えることができた新規就農者は、早い人なら半年ほどで就農できます。

実は、経営計画に関する原稿を「ある就農支援機関の所長さん」に読んでもらったことがあります。そのとき、彼は目をランランと輝かせて次のように言っていました。

「相談に来る人が、みんなこれに書いてあるとおりに経営計画を立ててきたら、我々はものすごく忙しくなりますよ」

就農支援機関は、就農の見込みがない相手はもちろん、就農しても失敗が見えている相手の相談を受ける「退屈で成果がない」状態よりも、「こいつなら成功できる」と思わせてくれる就農希望者がたくさん来て、「忙しいが、成果も出る」仕事をしたいと思っているのです。

## 農業はこれからもっともっと盛り上がる

もちろん新規就農で失敗する可能性はゼロではありません。しかし、2人に1人は生活していくことができています。少数派ですが、なかには、推定年収数千万円の所得を稼ぎだす農家もいます。

「サラリーマンを辞めて起業したい」というとき、よく候補にあがる業態が飲食店です。それもラーメン屋やカフェが多いように感じます。

果たして、こうしたラーメン屋やカフェで成功する確率はいかほどでしょうか？　こうした新規出店の飲食店が、3年後にも生き残っている確率は5％ほどだとする説もあります。ラーメン屋では、4割が1年以内に閉店しているともいいます。

もしもラーメンが大好きで、普段から食べ歩きをしているだけでなく、自分でも麺を打ったりスープを作っているとか、世界一のおもてなしができるカフェを作りたいなどの高い志を持っているのなら、もちろんその道を突き進んだほうがいいでしょう。

そうでないなら、ラーメン屋やカフェをやるよりも、農業を目指すべきです。農業のほうが生き残れる確率は格段に高いうえに、就農はかつてないほどに容易になりつつあるからです。

そして、後述するように、これからの20年で大きな技術革新が進み、生産性が数倍レベルで向上するのがほぼ確実でもあります。

農業はこれからもっともっと盛り上がっていきます。儲かるチャンスもたくさんあります。だからこそ、しっかりとした「経営計画書」を作成し、就農支援者を本気にさせてください。

本書がその一助となれば、これ以上嬉しいことはありません。

もくじ

第4章

# 経営計画ができたら次にするべき12のこと

## 第5章

# 移住希望者必読！ 農村社会で生きるための必須知識

第6章

# よくある質問「Q&A集」

## 第7章

# 20年後の農業の姿

第1章

# 新規就農に「経営計画」が必須である理由

**就農支援機関**
新規就農のアドバイスをする機関は新規就農相談センターをはじめとして多くの種類がある。本書ではひとまとめに「(新規)就農支援機関」と呼ぶ。

## 新規就農する3つの方法

新規就農する方法は、大きくわけて次の3つがあります。

①就農支援機関と相談しながらやる
②農家に嫁入りする・婿入りする
③独力で就農する

私がおすすめするのは、「①就農支援機関と相談しながらやる」という方法です。なぜなら、就農支援機関のアドバイザーの方々は、就農を希望する人に有効な助言をくれるからです。

就農するときも、就農してからも、相談することができますし、助けを乞うこともできます。しかしながら、留意すべきことがあります。就農支援機関のアドバイザーは、支援する際に「相手を選んでいる」という点です。

彼らは誰を相手にしても真剣に相談を受けてくれたり、本気で支援をしてくれたりはしません。

「この人ならきちんとここのエリアで農業をやっていけそうだ」と思える人しか相手にされないということです。

そのときに最も重要になるのが、みなさんの頭のなかにある「経営計画」であり、それを文書化した「経営計画書」であるのです。

そこで、本書は「経営計画書」の作り方について多くのページを割きました。実際、経営計画書を作るには、それなりの知識や努力を必要とします。

言い換えると、適切な勉強を行い、しっかりとした経営計画書を作ることができれば、就農支援機関からのサポートも受けられ、成功しやすくなるということです。

### ▼嫁入り・婿入りの最大のハードルは「出会い」

就農の手段としては、農家に嫁入りする・婿入りするという方法もあります。見方によっては、これが最もハードルの低い方法となります。

専業農家の場合ですと後継者とされて、多くの場合農家として働きながら義父から実践的な教育を受けることになります。

専業農家は大規模農家のことも多いので、場合によっては、いきなり人を何人も使うことになるかもしれません。

この方法で就農するメリットは、何よりもお金がかからないことです。実際に農業をやって才能がないと思われても、クビにされることもありません。

ただし、制限が多く現実的な就農方法とはいえません。なぜかというと、そもそも農家が少ないうえに、高齢化が進んでいることが多いので、農家の適齢期の異性、それも独身者を見つけることは容易ではないからです。

大都市に暮らす人の場合、そういった異性と出会い、さらに相思相愛の関係になれる確率は低く、「奇跡」と表現してもいいくらいです。

たとえその「奇跡」が起こったとしても、別の問題も浮上します。専業農家は経営基盤がすでにできあがっているため、自分の意思で決められることが少ないということです。

花が好きだから花を作る農家になりたいとしましょう。

幸運にも花を作る農家の跡取りと出会えればいいのですが、そうでない場合はすでにできあがっている嫁入り・婿入り先の農業をリストラクチャリング（事業の再構築・人をクビにする意味ではない）しなければなりません。人によっては普通に新規就農するよりも困難を伴うかもしれません。義父を説得する難しさがあるからです。

もっとも、若い世代に自由にやってもらったほうがいいと思う義父を持つことになる人も多いと思いますが、そんな場合でも困難が残ります。

農業は地域に根ざした産業なので、やりたい作物があるなら、その作物に適した場所を選ばないといけませんが、選べないことが多いのです。

鹿児島の農家に嫁入り・婿入りする人がリンゴを作りたいと言い出すことはたぶんないと思いますが、嫁入り・婿入り先の農家の田畑が自分のやりたい作物に合わないというケースは、珍しいことではないでしょう。

「出会い」という奇跡さえ起きれば、就農は簡単ですが、制限が多い。農家に嫁入り・婿入りしたいと思う方は、そのあたりを頭に入れておいてください。

### ▼体験記を参考にした独力での就農は危うい

独力で就農するのは、とてもカッコいい方法です。

農業のことは何一つ知らないけれども、一念発起して農地を買って（あるいは借りて）始めてみる。「オレは何もわからない状態でスタートした。だから、たくさん失敗もしたけど、今ではたくさんのお客様を得ることができ、毎日が充実している」。そんなストーリーを描いた新規就農体験記があれば、きっとあこがれる人も多いでしょう。

しかし、そういう体験記を新規就農の参考にしたり、教科書的に読んだりするのは、おすすめできません。就農のイメージを捻じ曲げてしまうからです。

基本、体験記は似たような環境にいる人にしか参考になりません。

極端な例をいえば、四国の人にとって、東北で就農した人の体験記はほとんど役に立ちません。農業はきわめて多様な産業です。作物が違えば仕事のやり方がまったく異なることがあたりまえにあるので、体験記に書いてある農業のイメージがそのまま他の農業に当てはまることはあまりありません。

**コンバイン**
稲や麦などの穀物の刈取りと脱穀を同時に行う機械。田畑を進行しながら刈取りと同時に脱穀選別を一貫して完了でき、農業機械のうち最も複雑で大規模かつ能率的なもの。

たとえば大型のコンバインを使って、1日に何ヘクタールも稲を刈り取る農業と、300～500平方メートルの畑で野菜を手作業で収穫する農業とでは、似ている要素を見つけるのが大変なくらい異なります。たとえ同じ作物でも、地域によってやり方が異なることもよくあります。

## ▼体験記を読んでも〝答え〟は見つからない

なぜ人は体験記を読みたくなるのでしょうか。おそらく、就農すると実際にどれくらい働くことになり、どれくらい稼ぐことができるのかが知りたいのではないでしょうか。

そうした目的を持っているのならば、むしろやるべきことは「経営計画書」を作ることです。

実は、「農業でいくら儲かるのか」ということは、いくら考えても答えは出ません。農業に従事して約25年の私にもわかりません。

なぜなら、作物や地域、そして市場価格によって変わってくるからなんとも答えようがないからです。

しかし、たとえば「千葉県の10アールの土地で、トマトを栽培する場合、いつ、どの作型なら、どの程度の労働時間で、いくらの収益が上がるのか？」と聞かれたとしましょう。

これだと、ある程度の答えが用意できます。つまり、みなさんも勉強さえすれば、簡単にイメージが浮かぶようになります。

独力での就農には大きなリスクが伴うことも考えに入れるべきでしょう。

働かなくとも10年は食べていけるくらいの貯金があるとか、実家が大金持ちで、いざとなったら助けてくれるといった場合なら問題ありません。

しかし、何年もかけて貯めた全財産（数百万円）を突っ込んで始めるとなると、一つの失敗が致命傷につながる可能性も出てきます。

実際、お金のない人が独力で就農するときには、最初の頃は農業収入だけでは食べていけないことが多いようです。

そのため、農業が軌道に乗るまで、何年かアルバイトをして食いつなぐこともよくあります。農業を続けるために他の仕事をすることが悪いわけではありません。

ただ、果たしてそれは新規就農しようとする人にとって理想的な状態かと想像すると、おそらく違うのではないでしょうか。

## 新規就農の際の「最強の武器」となる経営計画書とは何か？

なぜ経営計画が大事なのでしょうか？

「はじめに」でも触れましたが、あらためてその理由について書くと、次の3つがあります。

・自分の就農イメージを明確にできる
・就農のイメージが実現可能なのかを検証できる
・就農を支援する人たちに、最も早く、確実に自分の考えを理解してもらえる

経営計画（就農計画）の重要性をすぐに理解できる人はあまり多くありません。会社の上層部、たとえば経営に関わっていたような人は比較的なじみやすいようですが、そうでない人は「計画書なんかただの紙切れ。計画どおりにいくかどうかは、やってみなければわからないでしょう」と高をくくっていることがよくあります。その考えは、100％間違っているので、今すぐに改めるようにしましょう。

経営計画書が重要である理由は、すでに申し上げたように、経営計画書を見ることで、就農支援機関の人が、「この人は成功する人か失敗する人か」について、かなり正確に把握することができるからです。

なぜそう言えるのか。経営計画書を見れば、就農希望者がどの程度まじめに農業経営について考えているのかがわかるからです。

といっても、何を言っているのか、みなさんにはイメージがわかないかもしれません。そこで、具体的な会話で紹介していきます。

左ページ図は、就農を希望するAさんが就農支援機関に行き、相談を担当したBさんとの会話です。

**就農希望者Aさんと就農支援機関の担当者Bさんの会話**

Aさん（就農希望者）：（農業で）苦労するのはわかっています。でも、やりたいんです。

Bさん（就農支援機関）：どんな作物をやりたいのですか？

Aさん：イチゴをやりたいと思っています。

Bさん：どの程度の経営規模で考えているのですか？

Aさん：ハウスを３つ作りたいです。普通に出荷するのとジャム用とかアイスクリームに適した品種を分けて栽培したいと思っています。

Bさん：人を何人雇われるのですか？

Aさん：最初は１人で。それから徐々に規模を大きくします。

**6次産業化**
生産だけでなく、作物を作った加工食品を作ったり、消費者に直接売ったりすることをいう。農業だけでは儲からないから、農作物を使って儲けている関連業界に進出して利益を取ろうという考え方。

**ハウス**
温室のこと。安いものはビニールで作られており、ビニールハウスと呼ばれることもある。高価なものだとビニールではなく、アクリルやガラスを使っている。

Bさん、つまりアドバイザーは「ハウスを3つ作りたい」という発言を聞いたところで「これはダメかも？」と思い始め、「最初は1人」と言ったところで断り文句を考えるようになります。なぜでしょうか？

「就農したい」という夢や希望だけで、数字の裏付けがないからです。

## ▼就農支援機関との会話でのNGワード

こう書くと「ハウスを3つと言っているじゃないか。それに6次産業化のことも考えて言ってるじゃないか」と反論したくなる人がいるかもしれません。そんな人のために解説します。

「ハウス3つ」というのは、正しい規模を表していません。どの規模のハウスなのかわからないからです。

小さなハウスだと10坪くらいのものもあれば、大きなものになると200坪、300坪を超えるものもあります。どの規模でやるのかと聞かれたときに言わなければならないのは、ハウスの数ではなく栽培面積です。すなわち、20アールとか1町歩（約1ヘクタール）と答えなければいけないということです。

「最初は1人」と言ってダメなのは、イチゴは相当手がかかる作物だからです。だいたい10アールの面積でイチゴをやろうとすると、地域や作型によりますが、年間労働時間は2000時間前後になります。

年間2000時間の労働時間というと、サラリーマン的には「週休2日で、勤務日のうち大半の日が定時で帰ることができる。つまり、残業はあまりない」くらいの労働です。

そこで得られる収入は、地域や栽培品種にもよりますが、年間200万円前後になります。

年収400万円を目指そうとすると、年間労働時間は4000時間になります。これは普通の人間では耐えられないレベルの労働時間になります。いわゆるブラック企業でも、ここまで労働時間が長くなることはそうありません。

ですから、イチゴで年収400万円を得ようとすると、2人の労働力が必要となります。当然、人を雇うと人件費がかかります。人件費をかけたくないのなら、夫婦や親子で取り組むなどしないと年収400万円にはならないということです。

「だから6次産業化して、より高い利益を得ようと考えているのです」と反論したくなるかもしれません。

しかし、その時間はいつ取れますか？

商品が売れる見込みはあるのですか？

安易に6次産業だといって、ジャムやアイスクリームなどを作り、失敗している農家は全国にたくさんあります。

就農支援機関のアドバイザーは、そういった例をいくらでも知っています。

## アドバイザーが本気で助言したくなる就農希望者の姿

一方で、きちんとした経営計画書を作っていくと、どのような扱いを受けるでしょうか。たとえば、「イチゴを30アールやりたいんです」と言って、こんなことがわかる経営計画書を出したとしましょう。

・イチゴの品種と作型

・「単位収量（10アール当たり収穫量）10アール当たり500キロ」とキログラム当たりの単価1000円で想定売上を算出

・同様に経費を算出して所得を計算すると10アール当たり所得が200万円で30アールやるから収入は3倍の600万円くらい

・想定労働時間は年間約7000時間。家族3人でやり、それでも作業が回らないほど忙しいときには、人を雇う。人件費を50万円とみるとイチゴで年収550万円

・イチゴが忙しくない時期には、ちょうどその時期が一番忙しくなる作物を作って収入増にはげむ。これで150万円くらいいけそうだからトータル700万円の収入になる見込み

**作型**
栽培方法のこと。自然のなかで栽培することを「露地栽培」といい、ハウスのなかで栽培することを「施設栽培」という。また収穫時期を早めたり、遅くする栽培法を「促成栽培」や「抑制栽培」という。

このように、きちんとした経営計画があれば、就農アドバイザーは1分もかからずに、全体像を理解してくれます。そして、おそらくこう言うでしょう。

「この計画は、どうやって作られたのですか？」

こう聞かれたら、正直に「本を読んで書き方を勉強しました。そしてA県のイチゴの経営指標を参考にして書きました」と答えれば問題ありません。アドバイザーは納得します。アドバイスを受けに行った就農支援機関がA県ならもちろんのこと、そうでなくても、「この人は単に夢を語っているのではない。素人なりに一生懸命考えて計画を作ってきた」と考え、本気で助言をしてくれるようになります。

「本気で助言してくれる」とは、どういうことでしょうか。

たとえば、相談者から言わなくても、6次産業化についてアドバイスしてくれたり、小さな計画修正の提案をしてくれたり、地元の現状や事情について教えてくれたりします。

具体的には、次ページ図のようなセリフとなって出てきます。

## 就農支援機関から得られる具体的な助言とは？

（会話で、相談者が菓子メーカーに勤務していることを知り）
私にはよくわからないのですが、イチゴを素材にした菓子とか作ろうとは思いませんか？

Bさん
（就農支援機関）

この品種は初心者に難しいので、当初は10アールだけ作って、残りの20アールは作りやすいB品種にするのはどうですか？

この時期はどこのイチゴ農家も忙しいから人を募集していますが、なかなか来てくれないと嘆いている農家が多いですよ。だから最初は家族だけで回せる規模でスタートして、人が雇えるかどうか具合を見ながら規模拡大してはどうでしょうか？

いずれにせよ、アドバイザーがこうした前向きの意見を言ってくるということは、「この就農希望者は有望だから、ちゃんと対応しなければならない」と判断しているということです。

多くの人がぶつかる最初の関門、すなわち就農支援機関とのやりとりは、きちんと経営計画を作れば、簡単にクリアできるのです。

あとは、アドバイザーと会話のキャッチボールを続けて、就農計画の内容を修正していくことになります。

必要な資金がどれくらいで、そのうちすでにどのくらい用意できているか、就農地はどのあたりがよいのか、近くの農家で研修させてくれるところはあるのか……こうした点を詰めていくことで、この地域では就農は難しいとわかることもあるでしょう。そんなときは、お礼を言って、次を探せばいいのです。

CASE 2 石川県輪島市・松尾栗園

CASE 1 岡山県倉敷市・ファームたかお

## 就農者インタビュー

# ぼくらは こうやって 農家になった

CASE 3 京都市大原・ヴィレッジトラストつくだ農園

# CASE 1 視力の衰えを感じ、花卉栽培農家に転身

——ファームたかお・高尾英克さん

［DATA］

| | |
|---|---|
| エリア | 岡山県倉敷市船穂町 |
| 就農時期 | 2008 年 |
| 事業内容 | 花卉栽培 |
| 経営規模 | 約 20 アール（ビニールハウス） |
| 主な作物 | スイートピー |
| 労働力 | ２人（夫婦）＋パートタイム数名（栽培期間中のみ） |

［PROFILE］

1964 年、新潟生まれ。大学卒業後、メカニカルエンジニアとして働いたのち、DTP 事業を営む。2007 年ごろより農家に転身すべく、全国で就農・移住先を探し、2008 年に倉敷市船穂町に移住。1 年間の研修期間を経て、花卉（スイートピー）農家として独立し、今に至る。

## 今の仕事を続けても未来はないだろう……

「今の自分の状況でできることは何かということを徹底して考えました。これは、もともとの僕の性格なのだと思いますが、何を育てたいかではなく、どうやって生活を成り立たせていくかを重視していました。だから、就農後も、起こるべきリスクを回避できる計画を立てていました」

晴れの国と呼ばれる岡山県の倉敷市船穂《ふなお》町でスイートピー農家を営む高尾英克さんは、就農した当時を振り返って次のように話します。

「もともと僕は理系出身でエンジニアをしていたのですが、地元の新潟に戻り、DTP（デスクトップパブリッシング）事業を始めました。DTPというのは、パソコン上で行う本や雑誌の割付作業のことです。そのころはパソコンの画面の質が悪く、しばらくしたら目が悪くなり出したんです」

色の判別ができなくなるほど深刻な状況でした。このままでは仕事ができなくなってしまう――焦りを感じた高尾さんは、転職を考えました。

「その当時、僕は43歳。何かを新しく始めるのに遅すぎるということはありませんが、再就職先が引く手あまたに見つかるという状況でもない。それならば、自分で農業をやってみるというのはどうだろうかと思いました。目にも良さそうですし（笑）」

実は、先の個人事業の傍らで家庭菜園をしていた高尾さんは、「自分で口にする野菜はほとんど栽培していた」と言います。趣味で庭関係のライセンスを持っていたこともあり、自然と農家という仕事に目が向いたようです。

## 実際に食べていけるのかという点を重視した

新潟といえば、日本でも指折りの米どころとして知られます。実際、高尾さんの周囲にも、米農家をしている人がいました。

「当然、米農家というのは最初に頭に浮かびました。ただ、親戚でやっている人がいるからこそ、その難しさはよくわかっていました。とにかく米農家は規模が大事なので、設備投資にお金がかかります。多くの土地も必要です。たいした資金力もない自分に厳しいのは明白でした」

　冒頭に書いたような石橋を叩いて渡るような性格とともに、高尾さんが持っている特徴があります。それは、住む場所に対するこだわりがないこと。地元の新潟に住むというこだわりがなければ、東京や大阪といった都市圏に住みたいというこだわりもありませんでした。

「場所よりも重視したのは、とにかく新参者の自分が食べていけるのかどうか。自己資金が少なかったので、大きな投資を必要としないこと。大型機械が必要な大規模な栽培方法ではないこと。家内制手工業的で、なるべく利益率がよいことがポイントでした。そうした観点で、農業に関する全国のさまざまなデータを調べ、『これは』と思ったところには実際に足を運びました」

　山梨や長野の南部も悪くなさそうだ。福島も好印象だった。九州地方のビニールハウス栽培も将来性がありそうだ。ライバルの少ない過疎地域も一考の余地がある……。

　そうしたなかで選んだのは、マスカット・オブ・アレキサンドリアを名産に持つ倉敷市船穂町（合併前は浅口郡船穂町）でした。

## 研修生として地元の方々に受け入れてもらえたワケ

「マスカットで有名な地域でしたが、実は船穂町はスイートピーの名産地でもあります。調べていくと、スイートピーというのは面積あたりの利益率が高いんです。新規就農のうえ余所者《よそもの》なので、狭い土地しか借りられないと仮定して、シミュレーションしてみました。それでもやっていけそうだと感じました」

かくして高尾さんは同地域の就農支援センターを訪れ、自分の思いや考え、境遇などを伝えた結果、岡山県の新規就農研修制度を利用させてもらえることになりました。

「船穂町のあるこのエリアは、専業農家が多いんです。それは、マスカット・オブ・アレキサンドリアに代表されるように、昔からすごく戦略的に農業というものを地域で回しているからです。具体的には、毎年きちんと新規就農者を受け入れ、技術を伝えていくということをやっています。僕も新規就農研修生として、受け入れてもらえました」

1年目には現役のスイートピー農家のもとで学び、2年目には研修用の農地で自分の手でスイートピーを育てるというステップを踏みました。

生来、理系で、自然科学オタクの高尾さんは、農業にすっかりのめり込みます。夢中で作業をするだけでなく、地域の先輩農家たちが集うところにはなるべく顔を出し、さまざまな知識を吸収していったのだとか。そうした姿勢が評価されたのか、本格的に船穂町の新規就農者として地元の方々に受け入れてもらえました。

「すごくありがたい話ですよ。就農初年度から、それまでこの地域（船穂町）で営んできたスイートピー農家さんと同じ価格で卸すことができるわけですからね。ただ、初年度はうまくいかなかったんです。借りた土地の面積から想定される収量の半分しか収穫できませんでした」

## 初年度に収量が半分でも焦らなかった理由

高尾さんが借りた土地は、あまりよい農地とはいえませんでした。土を耕せば大きな石がゴロゴロと出てくるし、土壌は強い酸性でスイートピーの栽培はおろか多くの野菜にとって栽培には不適応な土地だったのです。ただ、そうした事態にも高尾さんは焦ることはありませんでした。

「最初、研修先の農家さんや先輩農家さんに、『大丈夫。僕らが100だとしたら70は収穫できる。やる気だけ持って来なさい』と言われました。僕は『いや、用心にこしたことはない。多く見積もって50だろう』と、半量で計画を立てることにしました。具体的には、無駄なお金は使わない努力をしました。ビニールハウスを自分で組み立てるということもしました。もちろん先輩農家さんに助けてもらいながらでしたけど」

そうした想定のおかげで、実際に収穫量が半分だったとき、高尾さんは「やっぱり」と思っただけで、悲観的にはならなかった。このままの収量だったらどうしようかという不安はあったが、考えても仕方ない。やれることをやるだけだと、前向きに取り組むことができたそうです。

「2年目以降、想定通りに収量が上がっていったのでホッとしました」

## これからのためにしている努力とは？

経営が安定してきた今、高尾さんが考えていることは、これからのスイートピー農家が生きる道です。

「日本は人口が減っているので、花の需要も下がっていくと考えています。そのなかで、我々のような花卉《かき》農家が生きていくには、花の販売を底上げしていく努力が必要です。たとえば一般消費者の方々やプロのフローリストさんが好む色や形を知ろうとしたり、イベントをしたり、ブログやSNSで情報発信したりしています。そうして直接エンドユーザーとつながって得た情報を基に品種改良などにも取り組んでいます」

そうした努力は、もちろん自分が食べていくためということもあります。ただ、それだけではありません。最初に就農したとき、先輩農家たちの実績の恩恵を受けたことに対する責任であり、恩返しでもあるのだと高尾さんは語ります。

## CASE 2 多数の職種を経験後、栗農家になった

——松尾栗園・松尾和広さん

［DATA］

| | |
|---|---|
| エリア | 石川県輪島市 |
| 就農時期 | 2005 年 |
| 事業内容 | 栗の栽培、食品加工製造、販売事業 |
| 経営規模 | 5.2 ヘクタール（栗の木は約 1200 本） |
| 主な作物 | 栗 |
| 労働力 | 3 人（1 ～ 8 月）、15 人（9 ～ 10 月）、5 人（11 ～ 12 月） |

［PROFILE］

1973 年、愛知県岩倉市生まれ。高校卒業後、名古屋市の流通会社に就職。スポーツライターという夢を追い求めて上京し、出版社で 5 年間勤めた。その後、1 次産業に携わりたいという思いから約 10 ヵ月の漁師生活を経て、縁なき土地で栗農家となる。

## 自分の道を探し続けた30歳までの日々

「生まれも育ちも愛知県岩倉市の僕が、高校を出て最初に就職したのは名古屋市の流通系企業でした。その後、家族の事情で手っ取り早くお金を稼ぐ必要があったため、建築職人になって4年間必死に働きました。気づいたら25歳になっていました」

金銭面の折り合いがついた松尾和広さんは、25歳になって上京を決断。それは漠然とあこがれを抱いていたスポーツライターになるためでした。

「東京のライターの専門学校に通いました。その学校に唯一来ていた女性向け雑誌の求人に応募し、採用されました。でも、僕みたいな人間が若い女性向けのオシャレな企画を考えようにもうまくいきません。結局、編集部での仕事は2年しか続かず、その後に配属された販売営業にも馴染めず、会社を辞めました」

すでに30歳という節目を迎えていた松尾さんが考えたのは、田舎での生活と1次産業に携わることでした。

「名古屋のベッドタウンと言われることもある岩倉市は、都市圏に含まれます。その後もずっと都会生活だったので、田舎暮らしにあこがれを持ちました。それならば1次産業にかかわるという生き方はどうかと考え、漁業と農業が頭に浮かびました」

結局、選んだのは北海道のえりも町を拠点にしたタコ釣り漁師。「求人が出ていて、そこには年間契約であること、毎月40万円以上の収入が得られることが書いてありました」。

名産地として知られる兵庫県明石市のタコ漁師の初任給は、高くても20万程度。なぜ北海道だとそこまで高給なのか理由を考えることもなく、松尾さんは北海道に渡りました。

「北海道の人は、さすがのフロンティア精神で、人よりも3倍稼ぎたければ3倍の手を動かせという考え方。

毎日19時間労働で、休みもロクにありませんでした。ただ、体力には自信があったので、激務は大丈夫でした」。それよりきつかったのは船酔いでした。「根本的に、体質が漁師に合っていなかった」と語るように、松尾さんは漁に出ていた10ヵ月、毎日船上で吐き続けたそうです。

## なるべく不便な場所で マイナーな農産物を選んだ

残されたのは農業。ただ、伝手《つて》も経験もありません。北海道での壮絶な毎日の反動でお金を浪費し、貯めていたはずのお金もほとんどゼロ。

「そんな自分だったので、農業をするのならば、ライバルがいない不便な場所がいいだろう。加えて、その地方の名産を選ぶと就農者は多いという仮定から、なるべくマイナーな農産物を選ぼうとも考えました」

選んだ場所は、石川県の能登半島北部の奥能登エリアに位置する輪島市。農産物は「栗」でした。

「インターネットで求人を探していると、『栗農家急募。研修期間3ヵ月。独立希望者に限る。土地代無料』というものがありました」

見てみると、場所は能登半島の奥地。直感的に「これだ！」と思った松尾さんは、ほとんど身ひとつで輪島市に飛び込みました。

## 年間の売上20万円!?

求人のとおり、3ヵ月の研修期間を経て、晴れて栗農家となった松尾さん。就農（独立）当初、2・5ヘクタールの栗園を引退した先輩農家さんから引き継ぎましたが、食べていくにはほど遠い経営状況でした。

「とにかくお金がなかった。もともと自己資金がなかったことに加えて、周囲の栗農家さんと同じように地元のJAに生栗を卸しても単価は1キロ400円。そのときの僕の栗園の収量は約500キロでしたので、年間売上が20万円という計算です」

田舎とはいえ、これでは生活が成り立たない。疑問と焦りを抱いた松尾さんは、周囲の栗農家に聞き込み。するとーつのことがわかりました。

「栗の専業農家は1人もいなかったんです。みんなほかの仕事を持っていたり、メインで栽培している別の作物があったり、年金暮らしの傍らで運営していたりで……」。

## 無計画で栗農家になった結果……

それでも、すでに栗というマイナーな作物に魅力を感じていた松尾さん。日本三大朝市にも入っている「輪島朝市」で、栽培した栗を焼き栗にして売る実演販売にも手応えを感じていました。

「そうした思いがあっても、今は当たり前にある行政のバックアップが当時は皆無でしたので、日銭を稼がないと生きていけません。それも農作業がある日中以外で。それで、隣町にあるコンビニエンスストアの深夜バイトをすることにしました」

そこから3年間、繁忙期である秋から初冬以外は、夜の8時から朝の6時まではコンビニ、帰宅するとお昼すぎまで農作業、夕方までは寝るという生活スタイルだったそうです。

「正直、体力的にめちゃくちゃきつい漁師という経験があった僕だからできたスタイルだったと思います。同じようなことを別の誰かがしようとしたら、たぶん止めますね」

その3年間に行ったのは、栗の専業農家で食べていくための土台作り。具体的には、単価の安い卸しではなく、収益性を上げる販売手法の模索と、そのための商品の開発。つまりは、ビジネスモデルの確立でした。

「今も探求し続けているので、毎年変化がある」という前置きのもと、現状の売上を教えてくれました。

「焼き栗農家を自称しているとおり、焼き栗の実演販売が53%で、通信販売が27%で8割を占めます。残りは、2018年末に商品化した『焼き栗棒』による売上が15%、『焼き栗ペースト』が5%という構成です」

## 専業の栗農家として軌道に乗ることができた理由

松尾さんの現在の農地は5・2ヘクタール。栗農家としては、決して規模は大きくありません。それにもかかわらず、順調に経営できている最大の理由は、他の栗農家さんたちがやらないことを時間と人手をかけてやっているからだと言います。

「栗を熟成させることで、加糖しなくても糖度をグッと高めることができます。でも、栗にはじっくりと検査しないと目に見えない小さな虫が寄生していることが多く、それを取り除かないと熟成できません。その作業は本当に根気が必要。好き好んでやりたい人はいませんよ（笑）」

そうした努力の結果、経営は安定していき、アルバイトをする必要はまったくなくなりました。現在では繁忙期には10人以上を雇うほどの経営規模になっています。

「結婚して、2人の子どもにも恵まれました。ラクな生活ではありませんが、人並みに稼げています。作業場兼自宅も築くことができました」

松尾さんの作業場兼自宅は、合掌造りの立派な建物。もともと学校だったものを建築業者が受け継ぎ、そこから松尾さんが買い受けました。

「壁紙を貼るお金がもったいなくて、建材用のコンパネがむき出し状態です（笑）。その分、断熱材と本格的な暖炉にお金をかけました。というのも剪定《せんてい》した栗の枝木が大量に出るので、これを活用したいと考えたからです。奥能登の冬は、かなり厳しいのですが、暖炉のおかげで家のなかは快適ですよ」

CASE 3

# 京都有機農家の第一人者に学び、独立

——ヴィレッジトラスト つくだ農園・渡辺雄人さん

〔DATA〕

| | |
|---|---|
| エリア | 京都府京都市左京区大原 |
| 就農時期 | 2006年（独立は2009年） |
| 事業内容 | 有機栽培・卸業、加工食品製造、（個人向け）直販 |
| 経営規模 | 約1ヘクタール |
| 主な作物 | 九条ねぎ、こかぶ、金時人参、聖護院大根、なす、万願寺とうがらし、海老芋、たまねぎ、赤じそなど年間約40種類 |
| 労働力 | 7人（そのうち週5日勤務が4人、週3日勤務が3人） |
| 就労時間 | 週50時間（1日10時間×5日間）※繁忙期を除く |
| 休日 | 年間約100日 |

〔PROFILE〕

1982年、岐阜県大垣市生まれ。同志社大学大学院博士課程修了。もともとアウトドア活動が好きで、その延長のような気持ちで2006年に農業をスタート。翌年に「京都太秦長澤農園」の長澤源一氏に師事し、有機農業を学ぶ。2009年より有機JAS認証を取得。2017年からは同志社大学大学院の講師も務めている。

## 京都随一の有機農家に弟子入りをした理由

「農家になったきっかけは大学院での研究です」

そう話すのは、京都市左京区大原で有機農家を営む渡辺雄人さん。

ＮＨＫ「猫のしっぽカエルの手」のベニシアさんの移住先でも知られる大原は、京都の市街地から車で20～30分ほど離れた農村地域。当時、できたばかりの同志社大学大学院総合政策科学研究科・ソーシャル・イノベーション研究コースに通っていた渡辺さんは、実際に起きている社会問題の解決というミッションのもと、大原の空き家に住み始めました。

「大学が空き家を借りたんです。アウトドア活動が好きだったこともあって、僕がそこに移住することになった。それで、自然と農業を始めることになりました」

最初は見よう見まねで始めた農作業。何とか形になった野菜は、大原で行われる日曜朝市で直接お客さんに販売したと言います。

▲つくだ有機農園塾の畑

「まだ自分のなかでは社会学の研究の一環という位置づけでした。ただ、そのときから農薬や化学肥料を使わない農業をしていて、そうした手塩にかけて作った自分の野菜を素直に『美味しい』と感じたんです。次第に有機農家として生きていくことを考え始めました」

## 師匠が見ていた経営計画の要点とは？

本格的に有機農業を営むために、渡辺さんが選んだのは長澤農園に弟子入りすることでした。京都市右京区太秦に農地を持つ同園は、京都で「有機農家の第一人者」といわれることもある長澤源一さんが営んでいます。

「実は、年齢がひと回り以上離れて

いますけど、長澤さんは大学院の同じコースに通う大学院生でした。約3年にわたって、有機栽培のノウハウを学ぶとともに、さまざまな経験をさせてもらいました」

渡辺さんは2009年に有機JAS認証を取得し、大原に点在する棚田を借り受けました。それから、いわゆる京野菜を中心に、毎年約40種類の野菜を栽培しています。

「長澤さんに学ぶことは非常にたくさんありました。今はもう『自分でできるやろ』と言われ、参加していませんが、就農してからも長澤さんが主催する作付検討会に行っていました。そこでは持参した1年間の作付計画を長澤さんや他の弟子がチェックして、『レタスはどういう理由で作付するのか。なぜこの量なのか』といったやりとりをしました。経営面での助言もありました。販路の開拓方法を教えてくれたり、販売先を紹介してくれることもありました」

こう聞くと、〝手取り足取り〟指導されるというイメージを持つかもしれません。しかし、決してそんなことはないと渡辺さんは言います。

「長澤さんは厳しいですよ。でも、こちらの考えを頭ごなしに否定することはありません。野菜を見て、畑を見て、経営を見て、〝自ら考える〟というところに重きをおいているのだと思います」

## 「儲かるからでもいいので、目的を明確にするべき」

そうした師匠に巡り合えたおかげか、渡辺さんはなぜそれをするのか、という目的を常に意識しています。

「僕は有機農業をしていますが、そこには『子どもや自分の家族でも安心して食べられる安心、安全な野菜を作りたい』という明確な理由があります。農業を始めたころは単に農薬や化学肥料の知識がなかったということも少しありますが（笑）。なのでつくだ農園では、食育の一環で小学生や保育園児などを対象にした収穫体験や一般の方を対象にした有機農業塾を行ったりもしています」

　渡辺さんのように有機農業での就農希望者は増えています。それは、この大原でも例外ではありません。

「ここ（大原）だけで、10人以上が僕の後に就農しています。20〜40代のいわゆる若手が大半です。実際に就農した彼ら以上に、就農希望者はたくさんいて、そのなかで有機農家を志す人がうちに相談してくる場合もあります」

　そうした人たちに、常に伝えていることがあると言います。

「なぜ就農したいのか、なぜ有機農業なのかを明確にしてくださいと言っています。僕のように『安全なものが作りたい』でもいい、『それが自分の理想とするライフスタイルに近いから』でもいい、または『儲かるから』でもいいんです。でも、そうした目的や理由がないと、考えていた以上に忙しかったり、儲からなかったり、病害や獣害にあったときに、ポキッと心が折れてしまいます」

## なるべく残業はしない、週休2日も守る

　現在、乳幼児を含む3人の子どもを育てている渡辺さんは、17時を終業時間とし、日曜と月曜を定休日にしています。繁忙期こそ残業や休日出勤もありますが、基本的には休むようにしているのだそうです。

「僕らは〝時短〟って言っています。子どもが小さいので、子育ては外せないものだからです。おそらく17時以降もガッツリ働けば、収入は今よりも増えます。でも、僕ら夫婦のなかで、それは選択肢には入りません。お金ももちろん大事ですが、そもそ

もお金儲けのためだけに就農したわけではありませんので」

## 10年間続けた朝市への出店のメリットとやめたワケ

では、具体的な収入の内訳はどのようになっているのでしょうか。

「八百屋さんや生協、レストランなどに卸している収入が9割です」

それ以外には、インターネットや各種マルシェを通じた一般消費者の方への直接販売、２０１７年から務めている大学の講師の給料などがあると言います。このうち一般消費者向けに対面販売するマルシェに関しては、２０１６年2月まで、先述した「里の駅」大原で毎週日曜日に開催（朝6～9時）される朝市に、約10年間ほぼ休むことなく出ていたそうです。

「朝市は自分が店舗に立たないといけない分、大変な面もありましたが、一方でメリットもありました。収益面はもちろんですが、野菜の仕入先を求めた商売人との出会いの場にもなります。一般のお客さんと直接お話しすることで、どんな野菜が選ばれるのか、いくらならば買ってくれるのかを知ることもできます」

こうした朝市の経験は、今の販売に大いに活かされているそうです。そうしたメリットがあるにもかかわらず、朝市への出店をやめたのには明確な理由があります。

「大原には、若い新規就農者が増えてきています。まだまだ稼ぎや技術に余裕のない若手こそ、朝市で切磋琢磨すべきだろうと思ったんです」

こうした自分たちだけでなく、大原というエリア全体のことを考えた行動は、渡辺さんが会長を務める「大原やさい研究会」という農家同士の交流や勉強会、ブランディングや流通の研究といったことに取り組む団体の活動にも表れています。

# 第2章

# 経営計画書を作ってみよう!

## 経営計画書は3ステップで作る

経営計画の作成に移る前に、知っておくべきこともいくつかありますが、それらは次章に譲り、ここではさっそく経営計画書の具体的な作り方についてみていきましょう。

まず、おおまかな方向性を決めます。作りたい作物から考えるのか、生産地から考えるのかというふたつの方向性があります。作りたい作物から入るのなら、生産量の多い地域から順に候補地を見ていくことになります。

もうひとつは、就農したいエリアが決まっているときです。九州で就農したいとか、長野県で就農したいといった希望がある場合もあるでしょう。そうしたときには、九州なり長野県なりで作られている作物のなかから、自分がやりたい作物を選ぶことになります。

## ステップ1――経営指標を集める

経営計画を作るうえで必要になるのは、「経営指標」です。

かつて農林水産省は、主要作物について全国各地の多種多様な作物の経営指標を作っていましたが、2007年以降、一部の作物を除いて更新されなくなりました。今では米麦やテンサイ、サトウキビなどのほか、牛と豚の生産費のみが公開されています。

しかし都道府県レベルでは、多くの自治体で経営指標を公開しています。

たとえば群馬県は、「ぐんまアグリネット」の生産者向け情報において、経営支援情報として、主な作物別と作型（栽培方法）の経営モデルを公開（http://www.aic.pref.gumma.jp/）しています。おそらく、群馬県の主要農産物をすべてカバーしていると思われます。

また、NPO法人有機農業参入促進協議会のサイトには、全国各地のいろんな作物の経営指標がまとめられています。

こうした情報は、「●●県　農業　経営指標」や「イチゴ　経営」「トマト　促成栽培」といった単語でインターネット検索するといろいろと出てきます。

蛇足ですが、先に新規就農支援機関で就農希望者が「イチゴをやりたい」と言ったときのやりとりは、次ページに載せた「ぐんまアグリネット」の「イチゴ（促成・土耕栽培）」を参考にして書いています。

ここで使われる用語に、戸惑う人もいると思いますが、基本的には以下のように考えましょう。

## ぐんまアグリネット「イチゴ（促成・土耕栽培）」より

イチゴだけでなく、米と小麦を作っている農家の例であることがわかる
Check Point

| No. 9 | 作目　イチゴ | 作型　促成・土耕 | 品種　やよいひめ |
|---|---|---|---|

1 前提条件
1）想定規模：　イチゴ30a＋水稲200a＋小麦400a

2）技術体系：　高冷地育苗による健苗育成と花芽分化を促進させることで、長期間にわたる安定出荷を図る。時間を多く費やす収穫・調製作業に雇用を入れることで、適期収穫を行い、過熟果の発生を防止する。

3）作付体系：

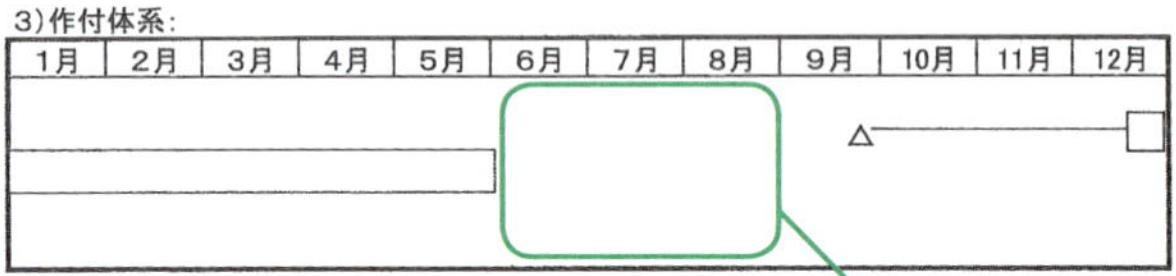


△ 定植　□ 収穫

この時期、イチゴは暇。逆に1～5月はとても忙しい
Check Point

2 労働状況（当該作目10a当たり）

1）労働力

| | 人数 | 労働時間 |
|---|---|---|
| 家族労働力 | 3 | 1,732.8 |
| 雇用労働力 | 4 | 751.0 |
| 合計 | 7 | 2,483.8 |

10a当たりなので、30aだと3倍になる計算
Check Point

2）月別労働時間　（単位：時間）

| 1月 | 2月 | 3月 | 4月 | 5月 | 6月 | 7月 | 8月 | 9月 | 10月 | 11月 | 12月 |
|---|---|---|---|---|---|---|---|---|---|---|---|
| 242.6 | 258.9 | 421.8 | 478.4 | 436.5 | 66.5 | 25.8 | 58.9 | 148.0 | 161.2 | 114.4 | 70.8 |

3 資本装備
1）建物・構築物・大植物　（単位：円）

| NO | 種類 | 構造・規格 | 取得価額 | 耐用年数 | 負担率 | 10a当たり減価償却費 |
|---|---|---|---|---|---|---|
| 1 | 格納庫・農作業場 | 100㎡ | 6,000,000 | 24 | 0.5 | 28,000 |
| 2 | 大型連棟ハウス | 1,000㎡×3棟 | 16,350,000 | 14 | 1 | 261,600 |
| 3 | 貯油タンク、防油堤 | 1.8K×2 | 700,000 | 14 | 1 | 11,200 |
| 4 | | | | | | |
| 5 | | | | | | |
| | | | 23,050,000 | | | 300,800 |

2）農機具　（単位：円）

| NO | 種類 | 構造・規格 | 取得価額 | 耐用年数 | 負担率 | 10a当たり減価償却費 |
|---|---|---|---|---|---|---|
| 1 | トラクター | 20ps | 1,969,000 | 7 | 0.05 | 3,118 |
| 2 | 保冷庫 | 1.5坪 | 541,000 | 7 | 1 | 17,132 |
| 3 | 動力噴霧器 | 30L/分 | 245,000 | 7 | 0.8 | 6,207 |
| 4 | 管理機　2台 | 7PS | 563,000 | 7 | 1 | 17,828 |
| 5 | 土壌消毒機 | 2条 | 189,000 | 7 | 1 | 5,985 |
| 6 | 暖房機 | 400坪用×3台 | 3,272,000 | 7 | 1 | 103,613 |
| 7 | ロータリー | 1.5m | 463,000 | 7 | 0.05 | 733 |
| 8 | トラック | 1t | 1,640,000 | 5 | 0.5 | 36,353 |
| 9 | 軽トラック | | 916,000 | 4 | 0.5 | 25,343 |
| 10 | | | | | | |
| | | | 9,798,000 | | | 216,312 |

※　負担率とは、経営全体に対する調査作物の使用割合

－17－

※a＝アール

粗収益＝単位収量×単価
Check Point

4 経営収支(当該作目10a当たり)

1)粗収益

| 作物名 | 単位収量 | 単価 | 金額 |
|---|---|---|---|
| いちご | 5,000kg | 987.0円 | 4,935,000円 |

※単価の設定について　都中央卸売市場における群馬県産の過去5年間の加重平均単価

2)経営費　(単位:円)

| NO | 費目 | 金額 | 備考 |
|---|---|---|---|
| 1 | 種苗費 | 2,241 | ウィルスフリー苗 |
| 2 | 肥料費 | 93,071 | |
| 3 | 農具費 | 21,120 | |
| 4 | 農薬衛生費 | 136,318 | |
| 5 | 諸材料費 | 315,700 | ミツバチ、ビニール等 |
| 6 | 修繕費 | 85,626 | |
| 7 | 動力光熱費 | 211,360 | 重油、電気、ガソリン等 |
| 8 | 農業共済金 | 18,814 | 施設共済 |
| 9 | 減価償却費 | 517,112 | |
| 10 | 荷運手数料 | 898,168 | パック、出荷箱、出荷手数料等 |
| 11 | 雇人費 | 600,800 | 雇用労働時間　751 時間 |
| 12 | 地代賃借料 | 13,276 | |
| 13 | 土地改良費 | | |
| 14 | 雑費 | | |
| | 合計 | 2,913,606 | |

3)経営成果指標

| | 区分 | 算出値 |
|---|---|---|
| 1 | 粗収益 | 4,935,000円 |
| 2 | 経営費 | 2,913,606円 |
| 3 | 農業所得 | 2,021,394円 |
| 4 | 所得率 | 41.0% |
| 5 | 総労働時間 | 2483.8時間 |
| 6 | 家族労働時間 | 1732.8時間 |
| 7 | 1時間当たり所得 | 1,167円 |
| 8 | 生産費用 | 5,512,806円 |
| 9 | 1kg当たり生産費用 | 1,103円 |

これらの意味は
54 ページに書いています
Check Point

-18-

粗収益＝売上高
経営費＝原価＋販売費・一般管理費＋営業外収支
農業所得＝経常利益

あちこちの地域の経営収支を見ると、同じ作物でも地域によって収量や収益性がかなり違うことがわかります。1つの作物だけを見ていると、多くの場合、この収入では食べていけないと思われると思いますが、だからといってあきらめる必要はありません。

1つの作物で食べられないなら2つ、3つを作ればいいのです。また、ここで出てきた数字は大ざっぱなものですから、あくまで目安としてとらえてください。

## ステップ2　就農のために必要な4つの資料を知る

やりたい作物や、ここで就農したいという地域が決まれば、その作物なり、地域なりのデータを集めて、次にあげる資料を作っていきます。「栽培スケジュール表」「輪作計画表（畜産や果樹など、そして一部の作物では不要）」「労働時間算定表」「簡易資金繰り表」の4つです。

## 栽培スケジュール表

| | |
|---|---|
| 作物名 | |
| 栽培形式 | |
| 栽培面積 | a |
| 総労働時間 | h |
| 栽培人数 | 人 |

| | |
|---|---|
| 粗収益 | 円 |
| 経営費 | 円 |
| 所得 | 円 |

| 月 | 4月 | 5月 | 6月 | 7月 | 8月 | 9月 | 10月 | 11月 | 12月 | 1月 | 2月 | 3月 |
|---|---|---|---|---|---|---|---|---|---|---|---|---|
| 栽培ステージ | | | | | | | | | | | | |
| 月別労働時間 | | | | | | | | | | | | |

## 輪作計画表

| 月 | 4月 | 5月 | 6月 | 7月 | 8月 | 9月 | 10月 | 11月 | 12月 | 1月 | 2月 | 3月 |
|---|---|---|---|---|---|---|---|---|---|---|---|---|
| 栽培ステージ 1年目 | | | | | | | | | | | | |
| 栽培ステージ 2年目 | | | | | | | | | | | | |
| 栽培ステージ 3年目 | | | | | | | | | | | | |
| 栽培ステージ 4年目 | | | | | | | | | | | | |
| 栽培ステージ 5年目 | | | | | | | | | | | | |

## 労働時間算定表

| 月 | 4月 | 5月 | 6月 | 7月 | 8月 | 9月 | 10月 | 11月 | 12月 | 1月 | 2月 | 3月 |
|---|---|---|---|---|---|---|---|---|---|---|---|---|
| 作物A | | | | | | | | | | | | |
| 作物B | | | | | | | | | | | | |
| 作物C | | | | | | | | | | | | |
| 作物D | | | | | | | | | | | | |
| 計 | | | | | | | | | | | | |

## 簡易資金繰り表

| 粗収益（売上） | 4月 | 5月 | 6月 | 7月 | 8月 | 9月 | 10月 | 11月 | 12月 | 1月 | 2月 | 3月 |
|---|---|---|---|---|---|---|---|---|---|---|---|---|
| 作物A | | | | | | | | | | | | |
| 作物B | | | | | | | | | | | | |
| 作物C | | | | | | | | | | | | |
| 作物D | | | | | | | | | | | | |
| 売上計 | | | | | | | | | | | | |

| 経営費（費用） | 4月 | 5月 | 6月 | 7月 | 8月 | 9月 | 10月 | 11月 | 12月 | 1月 | 2月 | 3月 |
|---|---|---|---|---|---|---|---|---|---|---|---|---|
| 作物A | | | | | | | | | | | | |
| 作物B | | | | | | | | | | | | |
| 作物C | | | | | | | | | | | | |
| 作物D | | | | | | | | | | | | |
| 費用計 | | | | | | | | | | | | |

| 資金繰り | 4月 | 5月 | 6月 | 7月 | 8月 | 9月 | 10月 | 11月 | 12月 | 1月 | 2月 | 3月 |
|---|---|---|---|---|---|---|---|---|---|---|---|---|
| 所得* | | | | | | | | | | | | |
| 前月繰越金 | | | | | | | | | | | | |
| 生活費 | | | | | | | | | | | | |
| 手持ち資金* | | | | | | | | | | | | |

※所得＝売上計－費用計
※手持ち資金＝所得＋前月繰越金－生活費→次月の「前月繰越金」に記入

**連作障害**
同じ作物を同じところで栽培すると収量が落ちたり病気になりやすくなること。

こうした経営計画のための資料を作る段階で、とくに見ておかなければならないのは、自分のやりたい作物に関する労働時間です。

農業書では、労働時間や収量などのデータは10アール当たりで示されています。10アールは1反とも表現され、広さは約300坪です。

私の手元にある野菜の教科書によると、露地栽培の場合、ピーマンは労働時間800時間、栽培期間は約6ヵ月、キャベツは労働時間70～100時間、栽培期間は約5ヵ月と書いてあります。ピーマンの場合、月平均労働時間は130時間程度、キャベツは20時間程度になります。

これは何を意味するのでしょうか。仮にあなたの年間労働時間を2400時間、月間労働時間を200時間と考えると、「ピーマンは1人で2反（600坪）もできないな」とか「キャベツは10反（1町歩、3000坪）くらいはできるようだ」という計算ができます。

実際には作業時間が多くかかる時期と、そうでない時期があります。また栽培者の技術や地元農協の装備（自動選別機、袋詰め機など、時間を節約できる機械の有無）などによって大きな差が出ますが、栽培面積のだいたいの目安がわかります。

### ▼留意すべきポイントの一つ「連作障害」

この段階で、教科書をきちんと読んでいる人は、こう思うでしょう。

「連作障害があるから、ピーマンやキャベツを作る場合、もっと農地が必要ではないか」

そのとおりです。連作とは、同じ場所に同じ作物を植えることをいいます。連作障害とは、1

年目に作ったのと同じ作物を翌年同じところに植えると、前年には出なかった病害虫や成育不良が起きて減収することです。

つまり今年ピーマンを植えた場所には、来年はピーマンを植えてはいけないのです。ピーマンと同じナス科に属するナスやトマトなども植えてはいけません。作物は違っても、同じ科に属するトマトを植えたら、ピーマンを植えたのと同じ障害が現れるからです。

対策の基本は、連作障害が起きるとされる期間は同じ作物を植えないことです。露地栽培の場合、作る作物の連作不可の期間プラス1年分、たとえば2年なら3倍、5年なら6倍の農地が必要になります。

もっともすべての作物に連作障害が出るわけではありません。コメのように連作障害が出ないものもあります。

トマトでも、ロックウール（人造鉱物繊維）を使った施設栽培などではこうした制限を受けないことがあります。あるいは土づくりに力を入れて、連作をしても連作障害を出さない、常識を覆す農業を実践している猛者《もさ》もいます。

ここまで読むと、「野菜主体の経営なのに、儲からないとわかっているコメを作る農家が多い理由がわかった」という読者もいるでしょう。ご想像のとおりです。コメを作っていた農家が野菜農家に転換しようとすると、多くの場合農地が余ります。

野菜はコメよりも10アール当たりの収益が高い反面、手間がかかるので、全部野菜にすると手間がかかりすぎて仕事が回せなくなります。そのため、最も手間がかからないコメを続けざるを得ないというわけです。

経営計画を作ってはみたものの、希望どおりの面積の土地が手に入ることはそうありません。想定していた面積よりも少ないときは計画どおりにいかないので、多くの場合は想定よりも広い農地を確保することになるでしょう。そうなると、言い方は悪いですが、余計な農地をどう回すかを考えれば、最も手間のかからないコメを多くの人が選ぶということです。

## ステップ3　実際に経営計画を作る

資料が充実している県の1つ、群馬県の経営指標を元に経営計画を試作してみましょう。

先にお断りしておくと、これ以降に出てくる経営計画の試作は、あくまで「こうやって書くのだ」を解説するために作っており、あえて完全にしていません（たとえば面積用件や連作障害などを甘く見積もっています）。ですから、たとえ群馬県での就農を考えている場合でも、このまま流用するのはやめましょう。

それでは作っていきます。

前提として、労働は夫婦2人、メインはトマトにします。

ここで例として出されているのは、長期どりという作型で施設栽培（ハウス）での栽培です。

## ぐんまアグリネット「トマト（長期どり）」より

| No.4 | 作目 トマト | 作型 長期どり | 品種 CF桃太郎はるか |
|---|---|---|---|

1 前提条件
1）想定規模： 長期どりトマト30a＋水稲100a

2）技術体系： JA出荷調整施設と雇用導入による長期どり経営

Check Point
栽培スケジュールの作成に使うデータ

3）作付体系：

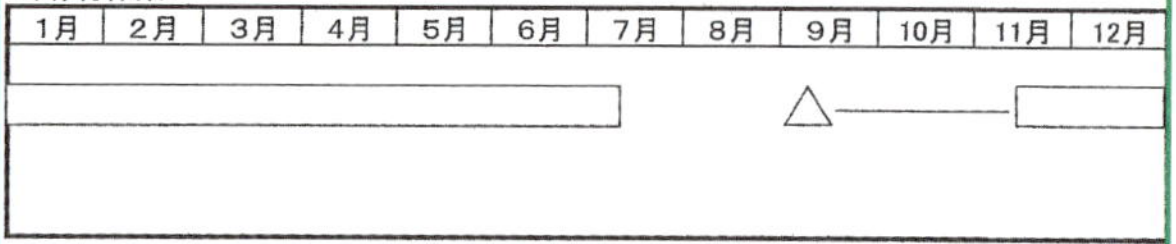


△ 定植 □ 収穫

2 労働状況（当該作目10a当たり）

1）労働力

| | 人数 | 労働時間 |
|---|---|---|
| 家族労働力 | 3 | 1,602.4 |
| 雇用労働力 | 1 | 174.0 |
| 合計 | 4 | 1,776.4 |

Check Point
労働時間を計算するのに使うデータ

2）月別労働時間 （単位：時間）

| 1月 | 2月 | 3月 | 4月 | 5月 | 6月 | 7月 | 8月 | 9月 | 10月 | 11月 | 12月 |
|---|---|---|---|---|---|---|---|---|---|---|---|
| 234.3 | 234.3 | 229.8 | 229.8 | 223.5 | 223.5 | 158.3 | 36.4 | 36.9 | 43.5 | 43.5 | 82.6 |

3 資本装備

1）建物・構築物・大植物 （単位：円）

| NO | 種類 | 構造・規格 | 取得価額 | 耐用年数 | 負担率 | 10a当たり減価償却費 |
|---|---|---|---|---|---|---|
| 1 | 農作業場 | 100㎡ | 6,000,000 | 24 | 0.3 | 16,800 |
| 2 | 大型連棟ハウス（エコノミー） | 1,000㎡×3棟 | 16,350,000 | 10 | 1 | 359,700 |
| 3 | 貯油タンク、防油堤（×2） | 1.8K | 700,000 | 17 | 1 | 9,333 |
| | | | | | | |
| | | | | | | |
| | | | 23,050,000 | | | 385,833 |

投資額の計算に使うデータ
Check Point

2）農機具 （単位：円）

| NO | 種類 | 構造・規格 | 取得価額 | 耐用年数 | 負担率 | 10a当たり減価償却費 |
|---|---|---|---|---|---|---|
| 1 | トラクター | 20ps | 1,969,000 | 7 | 0.3 | 18,706 |
| 2 | 暖房機 | 400坪用×3 | 3,272,000 | 7 | 1 | 103,613 |
| 3 | 動力噴霧器 | 30L/分 | 245,000 | 7 | 0.8 | 6,207 |
| 4 | 管理機 | 7ps | 281,000 | 7 | 1 | 8,898 |
| 5 | ロータリー | 1.5m | 463,000 | 7 | 0.3 | 4,399 |
| 6 | かん水用ポンプ | 2.7k | 420,000 | 7 | 1 | 13,300 |
| 7 | トラック | 1t | 1,640,000 | 5 | 0.3 | 21,812 |
| 8 | 軽トラック | | 916,000 | 4 | 0.3 | 15,206 |
| 9 | | | | | | |
| 10 | | | | | | |
| | | | 9,206,000 | | | 192,141 |

※ 負担率とは、経営全体に対する調査作物の使用割合

−7−

Check Point

何を作るのか
最初に見るのはここ

4 経営収支(当該作目10a当たり)

1)粗収益

| 作物名 | 単位収量 | 単価 | 金額 |
|---|---|---|---|
| トマト | 17,000kg | 311.0円 | 5,287,000円 |

※単価の設定について　都中央卸売市場における群馬県産の群馬県産の過去5年間の加重平均単価(11月～翌6月)

2)経営費　(単位:円)

| NO | 費目 | 金額 | 備考 |
|---|---|---|---|
| 1 | 種苗費 | 196,970 | 購入苗(接木) 1,500本 |
| 2 | 肥料費 | 109,391 | |
| 3 | 農具費 | 5,909 | コンテナ台車等 |
| 4 | 農薬衛生費 | 107,827 | |
| 5 | 諸材料費 | 240,511 | マルハナバチ、ビニール等 |
| 6 | 修繕費 | 79,658 | |
| 7 | 動力光熱費 | 486,756 | 重油等 |
| 8 | 農業共済金 | 18,814 | 施設共済 |
| 9 | 減価償却費 | 577,974 | |
| 10 | 荷運手数料 | 910,621 | 出荷箱、出荷手数料等 |
| 11 | 雇人費 | 139,200 | 雇用労働時間 174 時間 |
| 12 | 地代賃借料 | | |
| 13 | 土地改良費 | | |
| 14 | 雑費 | | |
| 合計 | | 2,873,631 | |

3)経営成果指標

| | 区分 | 算出値 |
|---|---|---|
| 1 | 粗収益 | 5,287,000円 |
| 2 | 経営費 | 2,873,631円 |
| 3 | 農業所得 | 2,413,369円 |
| 4 | 所得率 | 45.6% |
| 5 | 総労働時間 | 1776.4時間 |
| 6 | 家族労働時間 | 1602.4時間 |
| 7 | 1時間当たり所得 | 1,506円 |
| 8 | 生産費用 | 5,277,231円 |
| 9 | 1kg当たり生産費用 | 310円 |

-8-

本格的な経営計画で費用を
計算するときに参考にする

Check Point

規模は30アールです。

想定では、この他コメを100アール（1町歩）作っています。家族3人とおそらく1人のアルバイトを使って30アールやっているわけですが、10アール当たり農業所得は240万円ほどです。10アールで240万円ですから、30アールで年収720万円。これに、コメの収益が加わることになります。

とはいえコメは、おそらくこの規模だと赤字になると思われます。小規模の稲作では食べていけないから、トマトで稼ごうと考えた農家によくあるパターンです。

まず、60ページ中ほどにある「2　労働状況」を見てください。10アール当たりで、必要な年間労働時間は、約1800時間。最も忙しい月で約230時間になります。

## ▼連作障害を避ける輪作体系を考えてみよう

1人1日8時間、25日働くと1ヵ月の労働時間は200時間になります。

忙しい1月から6月まではほとんど毎日働くことになると思いますから、実際は1日9時間労働くらいになるでしょうか。となると夫婦2人だけでやるとすると、20アールが規模の限界だとわかります。年収にして480万円です。

もっと収入が欲しいと思うと、8月から9月の、比較的トマトが暇な時期にできる作物を作るべきでしょう。

この時期は、だいたい労働時間に150時間ほど余裕があります。同じく、群馬県のデータを

**輪作**
作物を決められた順番で栽培していくこと。連作障害を回避する効果がある。

見ていると、キャベツが見つかりました（次ページ）。

夏まき（夏に種をまく）のキャベツで10アール当たり年間労働時間は87時間ほど。所得は8万円です。

しかし、ここで気になることが書かれています。この経営モデルは輪作を前提にしているのです（次ページにある「1 前提条件」を見てください）。

キャベツを同じところで何年も作っていると、連作障害と呼ばれる減少によって収量が年々低くなります。一度作った農地では2、3年は別の作物を作るべきなのです。

キャベツばかりを作ると連作障害が問題になるので、キャベツとほぼ同時期にできる他の作物を探すとブロッコリーが見つかりました。年間総労働時間は約56時間。所得は12万円ほどです。これは使えそうですが、ここでキャベツとブロッコリーの植物分類を見てみます。すると、同じアブラナ科であることがわかりました。

連作障害は、同じアブラナ科の別の野菜を作っても発生します。そのため、キャベツを作るならブロッコリーをあきらめなくてはなりません。チンゲンサイも良さそうに見えましたが、やはりアブラナ科なので見送ります。

おっと、地域の名産を忘れていました。群馬名物にコンニャクがあります。

10アール当たり労働時間は110時間。4月、5月に35時間ほど植え付けにかかりますので、この時期はトマトをやりながらだと少し大変かもしれません。コンニャクは2年までの連作はできますが、毎年トマトとコンニャクを交互に作る設定にしましょう。

## ぐんまアグリネット「キャベツ（夏まき・平坦地)」より

Check Point

輪作体系はここでチェックできる。少品種大量生産の典型的な経営だといえる

| No.18 | 作目 キャベツ | 作型 夏まき・平坦地 | 品種 いろどり・冬くぐ |
|---|---|---|---|

1 前提条件

1）想定規模： キャベツ50a＋エダマメ100a＋タマネギ50a＋ブロッコリー30a

2）技術体系： 輪作体系による安定生産に基づく、平坦地露地野菜経営

3）作付体系：

| 1月 | 2月 | 3月 | 4月 | 5月 | 6月 | 7月 | 8月 | 9月 | 10月 | 11月 | 12月 |
|---|---|---|---|---|---|---|---|---|---|---|---|
| | | | | | | | ○△ | | | | □ |

○播種 △定植 □収穫

Check Point

トマトが多忙なこの時期に忙しい作物は選ばない

2 労働状況（当該作目10a当たり）

| | 人数 | 労働時間 |
|---|---|---|
| 家族労働力 | 3 | 87.5 |
| 雇用労働力 | | |
| 合計 | 3 | 87.5 |

Check Point

10アール当たりの労働時間が短いので、キャベツをメインにするならもっと規模を拡大することが可能

2）月別労働時間 （単位：時間）

| 1月 | 2月 | 3月 | 4月 | 5月 | 6月 | 7月 | 8月 | 9月 | 10月 | 11月 | 12月 |
|---|---|---|---|---|---|---|---|---|---|---|---|
| 6.0 | | | | | | 2.0 | 30.5 | 9.0 | 2.0 | 2.0 | 36.0 |

Check Point

トマトが暇な時期に少し忙しくなる

3 資本装備

1）建物・構築物・大植物 （単位：円）

| NO | 種類 | 構造・規格 | 取得価額 | 耐用年数 | 負担率 | 10a当たり減価償却費 |
|---|---|---|---|---|---|---|
| 1 | 農作業場 | 100㎡ | 6,000,000 | 24 | 0.2 | 6,720 |
| 2 | パイプハウス | 200㎡ | 484,000 | 10 | 0.3 | 1,917 |
| 3 | | | | | | |
| | | | | | | |
| | | | | | | |
| | | | 6,484,000 | | | 8,637 |

2）農機具 （単位：円）

| NO | 種類 | 構造・規格 | 取得価額 | 耐用年数 | 負担率 | 10a当たり減価償却費 |
|---|---|---|---|---|---|---|
| 1 | トラクター | 30ps | 3,662,000 | 7 | 0.2 | 13,916 |
| 2 | ロータリー | 1.5m | 463,000 | 7 | 0.2 | 1,759 |
| 3 | 管理機 | 7ps | 281,000 | 7 | 0.2 | 1,068 |
| 4 | 動力噴霧器 | 50L/分 | 436,000 | 7 | 0.2 | 1,657 |
| 5 | 移植機 | 半自動 1条 | 615,000 | 7 | 0.6 | 7,011 |
| 6 | ブロードキャスター | 300L | 241,000 | 7 | 0.2 | 916 |
| 7 | トラック | 1t | 1,640,000 | 5 | 0.2 | 8,725 |
| 8 | 軽トラック | | 916,000 | 4 | 0.2 | 6,082 |
| 9 | | | | | | |
| 10 | | | | | | |
| | | | 8,254,000 | | | 41,134 |

※ 負担率とは、経営全体に対する調査作物の使用割合

－35－

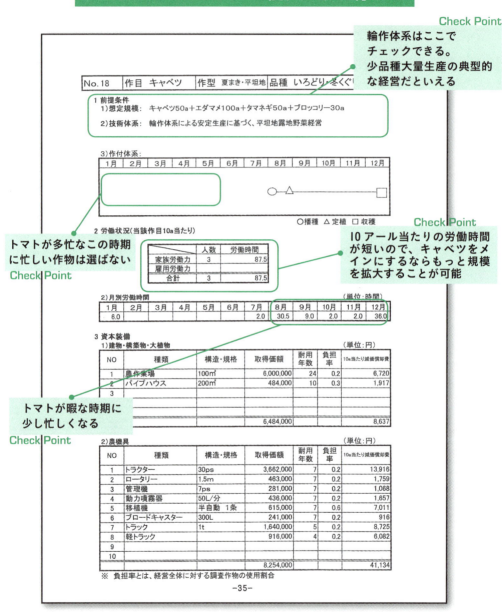

4 経営収支(当該作目10a当たり)

1)粗収益

| 作物名 | 単位収量 | 単　価 | 金　額 |
|---|---|---|---|
| キャベツ | 5,000kg | 70.0円 | 350,000円 |

※単価の設定について　都中央卸売市場における群馬県産の過去5年間(出荷月)の加重平均単価

2)経営費　(単位:円)

| NO | 費　目 | 金　額 | 備　考 |
|---|---|---|---|
| 1 | 種苗費 | 11,340 | |
| 2 | 肥料費 | 24,145 | |
| 3 | 農具費 | 5,333 | コンテナ、包丁等 |
| 4 | 農薬衛生費 | 23,123 | |
| 5 | 諸材料費 | 8,803 | トレイ、ビニール等 |
| 6 | 修繕費 | 9,381 | |
| 7 | 動力光熱費 | 7,232 | ガソリン、軽油等 |
| 8 | 農業共済金 | | |
| 9 | 減価償却費 | 49,771 | |
| 10 | 荷運手数料 | 130,118 | 出荷箱、出荷手数料等 |
| 11 | 雇人費 | | 雇用労働時間　時間 |
| 12 | 地代賃借料 | | |
| 13 | 土地改良費 | | |
| 14 | 雑費 | | |
| | 合　計 | 269,246 | |

3)経営成果指標

| | 区　分 | 算出値 |
|---|---|---|
| 1 | 粗収益 | 350,000円 |
| 2 | 経営費 | 269,246円 |
| 3 | 農業所得 | 80,754円 |
| 4 | 所得率 | 23.1% |
| 5 | 総労働時間 | 87.5時間 |
| 6 | 家族労働時間 | 87.5時間 |
| 7 | 1時間当たり所得 | 923円 |
| 8 | 生産費用 | 400,496円 |
| 9 | 1kg当たり生産費用 | 80円 |

6−

**キャベツをメインにするなら、8月と12月の繁忙期に人を雇うことで100アール以上の規模拡大も可能**

Check Point

## ぐんまアグリネット「コンニャク（複合3ha）」より

| No.3 | 作目 コンニャク | 作型 複合 3ha | 品種 あかぎおおだま |
|---|---|---|---|

1 前提条件

1）想定規模： コンニャク300a ＋ 複合作物（タラノメ、ウド、ネギ、アスパラガス等）

2）技術体系： 複合経営作物との輪作による、安定的な栽培体系

3）作付体系：

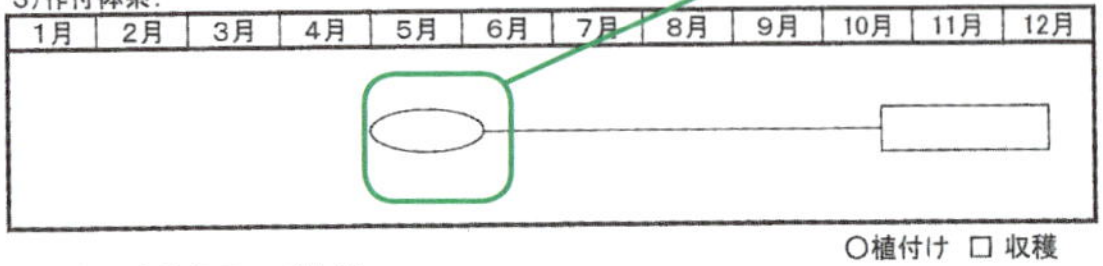


○植付け □ 収穫

**Check Point**
トマトが忙しいときに少し負担が増える

2 労働状況（当該作目10a当たり）

1）労働力

| | 人数 | 労働時間 |
|---|---|---|
| 家族労働力 | 3 | 103.4 |
| 雇用労働力 | 1 | 6.6 |
| 合計 | 4 | 110.0 |

2）月別労働時間 （単位：時間）

| 1月 | 2月 | 3月 | 4月 | 5月 | 6月 | 7月 | 8月 | 9月 | 10月 | 11月 | 12月 |
|---|---|---|---|---|---|---|---|---|---|---|---|
| 0.6 | 0.6 | 5.3 | 16.8 | 18.4 | 11.0 | 5.1 | 5.1 | 4.0 | 5.0 | 25.8 | 12.3 |

**Check Point**
3ヘクタールで100㎡なので、10アールだと2畳分程度ですむ

3 資本装備

1）建物・構築物・大植物 （単位：円）

| NO | 種類 | 構造・規格 | 取得価額 | 耐用年数 | 負担率 | 10a当たり減価償却費 |
|---|---|---|---|---|---|---|
| 1 | 種芋貯蔵庫 | 100㎡ | 6,000,000 | 24 | 1 | 5,600 |
| 2 | 倉庫 | 200㎡ | 12,000,000 | 24 | 0.8 | 8,960 |
| 3 | | | | | | |
| 4 | | | | | | |
| 5 | | | | | | |
| | | | 18,000,000 | | | 14,560 |

2）農機具 （単位：円）

| NO | 種類 | 構造・規格 | 取得価額 | 耐用年数 | 負担率 | 10a当たり減価償却費 |
|---|---|---|---|---|---|---|
| 1 | トラクター | 50ps | 5,618,000 | 7 | 1 | 17,790 |
| 2 | トラクター | 30ps | 3,129,000 | 7 | 0.8 | 7,927 |
| 3 | 種芋植え付け機 | 乗用 | 1,500,000 | 7 | 0.8 | 3,800 |
| 4 | トラック | 2t | 2,500,000 | 5 | 0.8 | 8,867 |
| 5 | 軽トラック | | 916,000 | 4 | 0.8 | 4,055 |
| 6 | 管理機 | 5ps | 474,000 | 7 | 0.8 | 1,201 |
| 7 | フォークリフト | 1.8t | 2,319,000 | 4 | 1 | 12,832 |
| 8 | 堀取り機 | | 950,000 | 7 | 1 | 3,008 |
| 9 | 動力噴霧器 | 50L/分 | 436,000 | 7 | 0.8 | 1,105 |
| 10 | ロータリー | 2m | 840,000 | 7 | 0.8 | 2,128 |
| 11 | プラソイラ | 3本爪 | 354,000 | 7 | 0.8 | 897 |
| 12 | フレールモア（5人共同） | | 135,000 | 7 | 1 | 428 |
| 13 | 土壌消毒機 | | 751,000 | 7 | 1 | 2,378 |
| 14 | 温湯消毒機 | | 1,026,000 | 7 | 1 | 3,249 |
| | | | 20,948,000 | | | 69,665 |

※ 負担率とは、経営全体に対する調査作物の使用割合

－149－

10アール程度でやるなら
これほど多くの農機具は必要ない。
**Check Point**

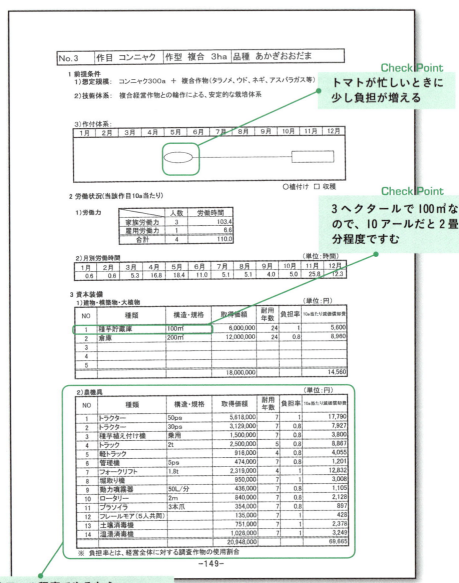

Check Point
収穫できるまでに
3年かかるので注意

4 経営収支(当該作目10a当たり)

1)粗収益

| 作物名 | 単位収量 | 単価 | 金額 |
|---|---|---|---|
| コンニャク | 3,000kg | 168.0円 | 504,000円 |

※単価の設定について　JA全農ぐんまの過去5年間の最高単価と最低単価を除いた平均価格(168円/kg)で試算

2)経営費　(単位:円)

| NO | 費目 | 金額 | 備考 |
|---|---|---|---|
| 1 | 種苗費 | 4,369 | 保護作物種子、緑肥作物種子 |
| 2 | 肥料費 | 25,187 | |
| 3 | 農具費 | 2,758 | 刈り払い機等 |
| 4 | 農薬衛生費 | 59,500 | |
| 5 | 諸材料費 | 10,848 | マルチ、貯蔵用コンテナ等 |
| 6 | 修繕費 | 16,079 | |
| 7 | 動力光熱費 | 6,883 | ガソリン、軽油等 |
| 8 | 農業共済金 | 1,200 | |
| 9 | 減価償却費 | 84,225 | |
| 10 | 荷運手数料 | 40,565 | 出荷手数料等 |
| 11 | 雇人費 | 6,600 | 雇用労働時間　6.6 時間 |
| 12 | 地代賃借料 | 7,700 | |
| 13 | 土地改良費 | 4,500 | |
| 14 | 雑費 | 11,550 | |
| 合計 | | 281,964 | |

3)経営成果指標

| | 区分 | 算出値 |
|---|---|---|
| 1 | 粗収益 | 504,000円 |
| 2 | 経営費 | 281,964円 |
| 3 | 農業所得 | 222,036円 |
| 4 | 所得率 | 44.1% |
| 5 | 総労働時間 | 110.0時間 |
| 6 | 家族労働時間 | 103.4時間 |
| 7 | 1時間当たり所得 | 2,147円 |
| 8 | 生産費用 | 437,064円 |
| 9 | 1kg当たり生産費用 | 146円 |

-150-

作るのに3年かかり、特産でもあるので、1時間当たりの所得が高い
Check Point

一番忙しくなるのは11月です。10アール当たり20万円ほどになります。種芋の貯蔵庫や倉庫が必要になりますが、10アール程度ならトマトのために造った倉庫の片隅を使えばなんとかなりそうです。

もっとも、コンニャクは1年ではできません。作り始めてから3年かかるので、2年間は無収入になります。そのため、新規就農者がコンニャクをメインにするのはおすすめできませんが、10アール程度でお試し程度にやっていれば、将来コンニャクをメインにしたほうがいいとなるかもしれません。

となると、メインはトマトで、その他はキャベツ↓コンニャク↓キャベツ↓コンニャク……といったやり方ができそうに思えます。あるいは、キャベツとコンニャクの間にコメを入れてもいいかもしれません。

10アールだけコメを作るというのは、最も儲からない農業といってもいいのですが、畑作物を植えるのとは違って、土壌環境が激変するので連作障害の要因を一掃する効果があるためです(が、とりあえずここではコメは省くことにします)。

### ▼労働時間の計算と簡易資金繰り表の作成

そうやって10アール当たりの労働時間を計算すると、左図のようになります。

トマトは20アールやるので、2人で労働時間がまったく同じなら1人当たりこれくらいの労働

## 労働時間算定表（10a当たり）

| | 4月 | 5月 | 6月 | 7月 | 8月 | 9月 | 10月 | 11月 | 12月 | 1月 | 2月 | 3月 | 年計 |
|---|---|---|---|---|---|---|---|---|---|---|---|---|---|
| トマト | 229.8 | 223.5 | 223.5 | 158.3 | 36.4 | 36.9 | 43.5 | 43.5 | 82.6 | 234.3 | 234.3 | 229.8 | 1776.4 |
| キャベツ | | | | 2 | 30.5 | 9 | 2 | 2 | 36 | 6 | | | 87.5 |
| コンニャク | 16.8 | 18.4 | 11 | 5.1 | 5.1 | 4 | 5 | 25.8 | 12.3 | 0.6 | 0.6 | 5.3 | 110 |
| 月別労働時間 | 246.6 | 241.9 | 234.5 | 165.4 | 72 | 49.9 | 50.5 | 71.3 | 130.9 | 240.9 | 234.9 | 235.1 | 1973.9 |

時間になります。ほかの2つは10アールですからこの半分になります。

「だいたい月間労働時間は、最大で250時間程度。1日10時間働けば、週休1日は可能だな……」。

そんなことを考えつつ、簡易計画表（栽培スケジュール表・輪作計画表・簡易資金繰り表）を書いていくと、70ページ図と71ページ図のようになります（トマトは20アールなので労働時間は10アール当たりの2倍で計算。他は10アールなので10アール当たりの数字をそのまま使用）。

農地面積40アール、うち20アールはトマト（長期取り）栽培、10アールのキャベツ、10アールのコンニャクです。夫婦2人でやるとして500万円近い所得になります。

3年後、コンニャクの売上が立ち、収入は500万円を超えますが、1年目は仕事だけで所得は上がりません。

ここでよく見ておいてほしいのは72ページの簡易資金繰り表です。

この資金繰り表は、トマトの売上を繁忙期（忙しい時期）の1月から6月までを他の3倍ほどに見積もって書いています。

## 栽培スケジュール表

| 作物名 | トマト |
|---|---|
| 栽培形式 | 長期取り |
| 栽培面積 | 20a |
| 総労働時間 | 3500h |
| 栽培人数 | 2 人 |

| 粗収益 | 1057 万円 |
|---|---|
| 経営費 | 575 万円 |
| 所得 | 482 万円 |

| 月 | 4月 | 5月 | 6月 | 7月 | 8月 | 9月 | 10月 | 11月 | 12月 | 1月 | 2月 | 3月 |
|---|---|---|---|---|---|---|---|---|---|---|---|---|
| 栽培ステージ | 収穫 | | | | | 定植 | | 収穫 | | | | |
| 月別労働時間(2人分) | 460 | 447 | 447 | 317 | 73 | 74 | 87 | 87 | 165 | 469 | 469 | 460 |

| 作物名 | キャベツ |
|---|---|
| 栽培形式 | 露地 |
| 栽培面積 | 10a |
| 総労働時間 | 88h |
| 栽培人数 | 2 人 |

| 粗収益 | 35 万円 |
|---|---|
| 経営費 | 27 万円 |
| 所得 | 8 万円 |

| 月 | 4月 | 5月 | 6月 | 7月 | 8月 | 9月 | 10月 | 11月 | 12月 | 1月 | 2月 | 3月 |
|---|---|---|---|---|---|---|---|---|---|---|---|---|
| 栽培ステージ | | | | | 定植 | | | | 収穫 | | | |
| 月別労働時間(2人分) | | | | 2 | 30.5 | 9 | 2 | 2 | 36 | 6 | | |

| 作物名 | コンニャク |
|---|---|
| 栽培形式 | 露地 |
| 栽培面積 | 10a |
| 総労働時間 | 110h |
| 栽培人数 | 2 人 |

| 粗収益 | 50 万円 |
|---|---|
| 経営費 | 28 万円 |
| 所得 | 22 万円 |

※1～2年目は倉庫に保管する。収益発生は3年目から

| 月 | 4月 | 5月 | 6月 | 7月 | 8月 | 9月 | 10月 | 11月 | 12月 | 1月 | 2月 | 3月 |
|---|---|---|---|---|---|---|---|---|---|---|---|---|
| 栽培ステージ | | 定植 | | | | | | 収穫 | | | | |
| 月別労働時間(2人分) | 16.8 | 18.4 | 11 | 5.1 | 5.1 | 4 | 5 | 25.8 | 12.3 | 0.6 | 0.6 | 5.3 |

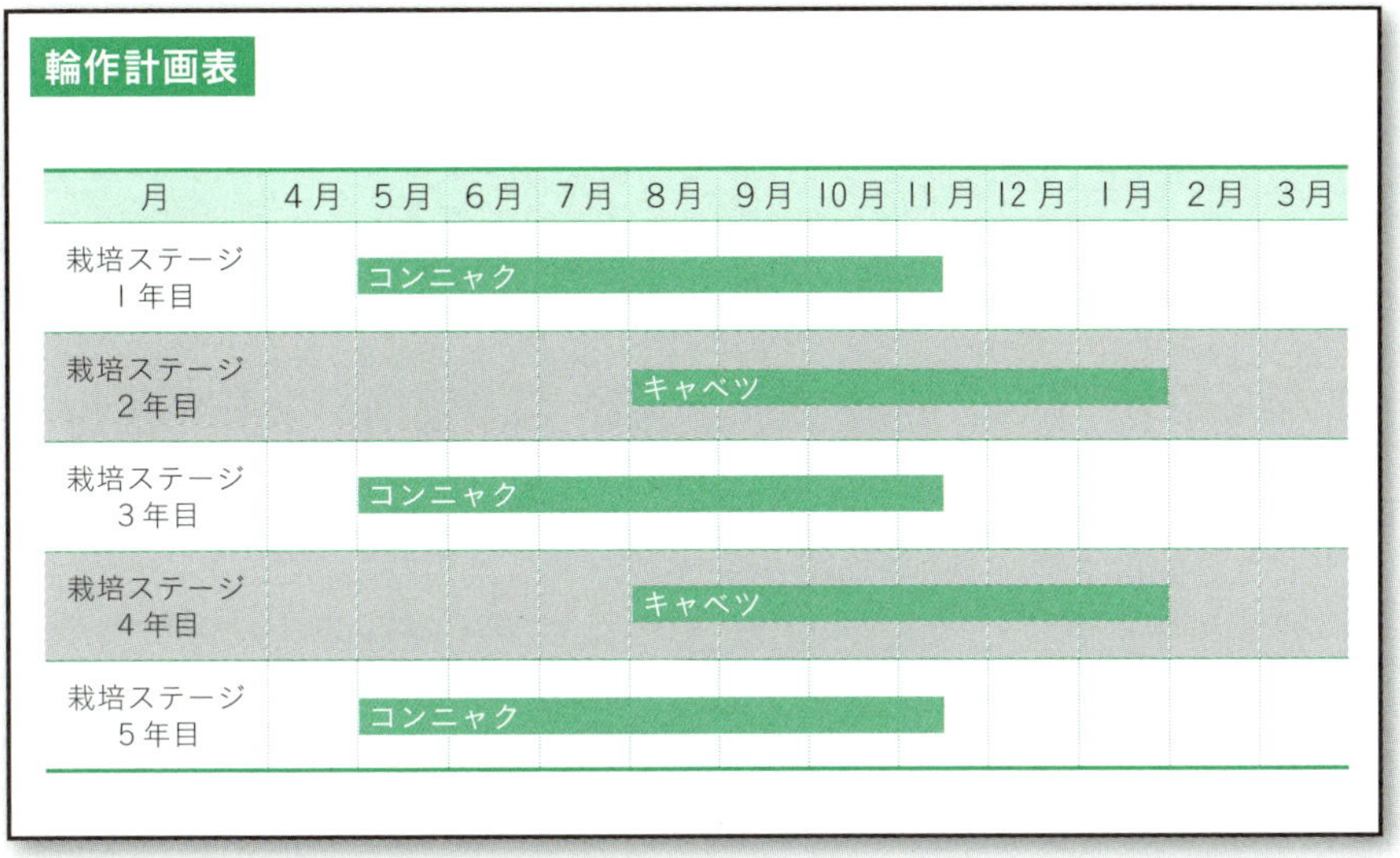


費用は栽培を始める9月に全部支払うという設定です。実際の費用は9月に全部かかるというわけではありませんが、9月に多くの費用がかかります。

費用の多い時期と少ない時期もあります。そのあたりを計算するのは面倒なので、厳しい設定にしたうえで、9月に計上しています。

資金の動きを見ると、8月から10月までは収入がなく経費ばかりかかることになります。手持ち資金として1000万円を持っていると仮定しての計算でも、最もお金がない時期には300万円以上資金が減ることになります。しかし600万円以上の手持ち資金があるので経営基盤は盤石です。もしも手持ち資金が500万円だと、9月には手持ち資金が相当減って危険な状況になると考えられます。

経営計画を作ると、自分がいつ苦しくなるのかもこのように見えてくるのです。

## 簡易資金繰り表

| 粗収益（売上） | 4月 | 5月 | 6月 | 7月 | 8月 | 9月 | 10月 | 11月 | 12月 | 1月 | 2月 | 3月 |
|---|---|---|---|---|---|---|---|---|---|---|---|---|
| トマト | 150 | 150 | 150 | 50 | | | | 30 | 70 | 150 | 150 | 150 |
| キャベツ | | | | | | | | | 35 | | | |
| コンニャク | | | | | | | | | | | | |
| 売上計 | 150 | 150 | 150 | 50 | 0 | 0 | 0 | 30 | 105 | 150 | 150 | 150 |

| 経営費（費用） | 4月 | 5月 | 6月 | 7月 | 8月 | 9月 | 10月 | 11月 | 12月 | 1月 | 2月 | 3月 |
|---|---|---|---|---|---|---|---|---|---|---|---|---|
| トマト | | | | | | 575 | | | | | | |
| キャベツ | | | | | 27 | | | | | | | |
| コンニャク | | 28 | | | | | | | | | | |
| 費用計 | 0 | 28 | 0 | 0 | 27 | 575 | 0 | 0 | 0 | 0 | 0 | 0 |

| 資金繰り | 4月 | 5月 | 6月 | 7月 | 8月 | 9月 | 10月 | 11月 | 12月 | 1月 | 2月 | 3月 |
|---|---|---|---|---|---|---|---|---|---|---|---|---|
| 所得 * | 150 | 122 | 150 | 50 | -27 | -575 | 0 | 30 | 105 | 150 | 150 | 150 |
| 前月繰越金 | 1,000 | 1,120 | 1,212 | 1,332 | 1,352 | 1,295 | 690 | 660 | 660 | 735 | 855 | 975 |
| 生活費 | 30 | 30 | 30 | 30 | 30 | 30 | 30 | 30 | 30 | 30 | 30 | 30 |
| 手持ち資金 * | 1,120 | 1,212 | 1,332 | 1,352 | 1,295 | 690 | 660 | 660 | 735 | 855 | 975 | 1,095 |

※所得＝売上計－費用計
※手持ち資金＝所得＋前月繰越金－生活費→次月の「前月繰越金」に記入

**Check Point**

**トマトなど何ヵ月も収穫期間があるときは最初と最後を少なめにして書く。コンニャクは1年目で収穫できないので空白にしている**

**Check Point**

**いつ始めるか不明なので、とりあえず就農2年目くらいを想定するとよい。資金を1000万円。月々の生活費を30万円と想定した**

## ▼試作した経営計画から見えてくるもの

さて、一応経営計画ができました。

こうやって経営計画を作ってみると、この作物でいくら儲かって、仕事がいつ大変なのか、資金はどれだけ必要なのかがある程度見えてきます。そこまで見えてから、就農相談窓口に行けば、決して悪い扱いは受けません。

これまで使った資料には、どんな機械や設備が必要なのかもあります。機械や設備の金額を見て、「こんなにお金が必要なのか」と絶望的な気分になる人もいると思いますが、第4章で説明する借金の消し方を知れば、多くの人が安心されるでしょう。

実際に就農する段階になれば、設備投資に必要な金額がドカンと落ちることもあります。たとえば、新品のトラクターが買えなくても中古でコストダウンすることもできます。現在、兼業農家はものすごい勢いで減っており、中古で安くて良いものを買えるチャンスは以前よりも大きくなっています。倉庫などの設備も、高齢で辞めていく農家のものを低価格で買ったり借りたりすることができるかもしれません。

ＪＡや国民金融公庫などから借り入れをすることも可能です。ですから、最初に作った経営計画だけで就農をあきらめるのは早すぎます。

## 経営指標のデータが出てこない場合の考え方

マイナーな作物や、その地域では一般的でない作物を作りたいという場合は、経営指標が見つからないこともあります。

これでは、先に書いたような経営計画の作り方はできないと考える人もいるかもしれません。ですので、ほかのやり方も検討してみましょう。

まず、就農地の経営指標が見つからない場合は、気候的に似通った近隣の県のデータを探してみてください。

たとえば、山口県で就農したいがデータがない場合、隣の広島県で探してみるわけです。それでもないなら、もう少し遠くでも大丈夫でしょう。西日本なら瀬戸内あたりは気候が似通っています。鳥取や島根ですと同じ山陰地方で探してみます。

それでも経営指標が見つからないこともあります。たとえばハーブを作りたい場合、ハーブを作る農家の情報はインターネットでも多く見つかりますが、今この原稿を書いている現在、経営指標を見つけることはできませんでした。

こんな場合はでっちあげます。でっちあげるといってもデタラメを書くわけではありません。作物栽培の手順を勉強し、栽培法や市場価格と収量に必要な資材や機械を調べ、労働時間を計算するなどして計画書を作ることになります。

### ▼データが見つからない作物でも経営計画は作れる

たとえばカモミールを作ると考えたとしましょう。

以下の試算は、私が今、検索して調べたものです。

カモミールは9月から10月にタネをまき、1ヵ月ほどして定植（農地に植えること）します。収穫は5月から6月ごろ。刈り取ったら乾燥させて花の部分を出荷します。

検索するとタネ代は５００粒５０００円でした。株間は20センチ空けると書いてあります。１つの畝に2本植える場合は30センチ空けるとも書いてありました。

仮に1反（20メートル×50メートル）の農地があるとします。20センチ間隔で50メートルの畝を作って植えるとすると、畝一本で２５０本となりますが、通路幅も必要ですから２４０本といったところでしょう。

やはりインターネットで調べると、カモミールの生産日本一は岐阜県の大垣市だそうです。大垣市の農家の方が紹介されており、収穫風景が掲載されていました。

カモミールを収穫する人の大きさから類推すると、畝間（畝と畝の間の距離）は1メートルといったところでしょうか。すると、20メートルで20本の畝ができる計算になりますが、厳しめに

**畝**
農地を掘り起こして、長い小山を作ったものをいう。野菜の場合は湿気が多いと育ちが悪くなることが多いため、雨水が停滞しないようにするために作られる。畝間の溝は排水路となると同時に、作業時の通路になる。

**株間**
作物を植える間隔のこと。広くとれば一本当たりの収量は上がることが多い。しかし植える本数が少なくなる。間隔を狭めると多数植えられるが一本あたり収量は低くなることが多い。そういったバランスを考えて株間は決められている。

考えて19本と見ます。

タネは3号ポットに土を入れて4～5粒まいて、一番よく育つものを残して間引きます。そして生長したものを植えます。

すると、タネが1粒10円ですから1ポット当たり種代は40～50円。ポットと土代を計算すれば1ポット当たりの費用は出ます。仮に100円としましょう。

1反でカモミールを作るには、100円×240（畝1本当たりの植え付け数）×19（畝数）で45万6000円かかることになります（実際はもう少し安いでしょう）。

長野県佐久市営農支援センターが2012年に15アールで行った栽培実験のページが見つかりました。収穫量は乾燥重量で10アール当たり350キロが標準だと書いてありました。肥料は熔リン300キロに鶏糞が基肥150キロに追肥15キロです。

熔リンの価格を20キロ入り一袋3500円とすると10袋で3万5000円、鶏糞（牛糞、豚の糞でも可）は、せいぜい5000円程度。

すると総コストは45万6000円＋3万5000円＋5000円で49万6000円となります。実際はトラクターやトラックの燃料代など諸経費を入れれば60万円といったところでしょう。

カモミールの売価を楽天で調べると100グラム1000円程度なので、1キロ＝1万円になります。すなわち、小売段階では350万円の売上になります。しかし、ここからは、業者に売るといくらになるのかがわかりません。

ここは概算となります。通常、小売価格の3～5割が農家からの出荷価格になりますので、仮

## 栽培スケジュール表

| | |
|---|---|
| 作物名 | カモミール |
| 栽培形式 | 露地栽培 |
| 栽培面積 | 10a |
| 総労働時間 | 113h |
| 栽培人数 | 1人 |

| | |
|---|---|
| 粗収益 | 140万円 |
| 経営費 | 55.6万円 |
| 所得 | 84.4万円 |

※収量 350kg

| 月 | 4月 | 5月 | 6月 | 7月 | 8月 | 9月 | 10月 | 11月 | 12月 | 1月 | 2月 | 3月 |
|---|---|---|---|---|---|---|---|---|---|---|---|---|
| 栽培ステージ | | 収穫 | 調整 | | | 播種 | | 定植 | | | | |
| 月別労働時間 | | 10 | 50 | | | 15 | 2 | 32 | | | | 3 |

## 経費計算表(簡易版)

| 資本整備 | 規格 | 取得価額 |
|---|---|---|
| 農作業場 | 100㎡ | 600万円 |
| パイプハウス | 200㎡ | 48.4万円 |

| 農機具 | 規格 | 取得価額 |
|---|---|---|
| トラクター | 20ps | 242万円 |
| ロータリー | 1.3m | 42万円 |
| 軽トラック | | 91.6万円 |

| 経営費 | 単価 | 個数 | 合計 |
|---|---|---|---|
| タネとポット | 100円 | 4560セット | 45.6万円 |
| 熔リン | 3500円 | 20kg × 10 | 3.5万円 |
| 鶏糞 | | 210kg | 0.5万円 |
| その他経費 | | | 6万円 |
| 合計 | | | 55.6万円 |

※粗収益= 140万円(10a当たり)

に4割とすれば売上は140万円となります。

経費を引くと、儲けは80万円といったところになる計算です。


設備として、乾燥をハウスでやるならハウスが必要ですし、はざかけ（足場を組んで棒を設置して、棒にかけて乾燥させること）にするなら杭や棒が必要です。そして乾燥が終わったものから花を摘んでいき、商品にします。

大変な作業になるのは、種まきと定植、収穫時と収穫後の調整と呼ばれる花の部分を摘み取り、袋詰めするところでしょう。とはいえ、種まきは1日定植、収穫は、10アール程度だとそれぞれ2日もあればできます。

しかし最後の調整はかなり時間がかかるでしょう。栽培に要する労力の半分くらいは、この花の摘み取りにかかるのではないでしょうか。

乾燥させる時期が梅雨と重なりやすいこともあり、作業効率を考えると、ハウス内で乾燥させて作業するという形でやっていくのが良さそうです。

そうなると、カモミールがハウス内を占有する5〜6月の他の時期、すなわち7〜4月まではハウスが空くことになりますので、その時期に何を作ればいいのかも検討していきます。

# 第3章

# 新規就農者が知っておくべき9のこと

## 農業にまつわるさまざまな知識を仕入れよう

実際に「経営計画」を立てる前にやっておくべきことがあります。それは、簡単にいえば、農業にまつわるさまざまな知識を仕入れることです。

本章では、新規就農者が最低限知っておくべきことについて、9つのテーマに分けて触れていきます。

とくに、本章の最後に書いた実に多種多様な「農業」というビジネスを少しでも把握できるよう、「作物別の特徴」と「経営モデルの知識」を書きました。これらについては、親の家業である農家を継ぐわけではない人にとって、必須科目だといえるでしょう。

10年後も、20年後も儲け続けるためには、中長期的な視点をもって、こうした経営モデルを考えていくようにしてください。

## テーマ①「農業とはどういうものか」

農業は、他の産業とは比較にならないほど多様な特徴を持っています。米作りのノウハウが、カーネーション作りにまったく役に立たないとはいいませんが、役立つことはあまりないでしょう。

カーネーションが上手に作れるといって、豚を上手に飼えると思う人もいないでしょう。ですから、農業においては「作物」に関する勉強は必須だと考えてください。

その際に有効的なのが、農業高校の教科書です。書店で注文すれば普通に買うことができます。割と高価なのですが、費用対効果を考えれば決して高い買い物ではありません。

手に入りやすいのは、実教出版の高校用の農業科目の教科書です。

作物、野菜、草花、果樹、畜産という分野別の教科書と食品製造や農業機械、植物バイオテクノロジーなどの教科書がありますので、自分がやりたいと思う作物の教科書などを選んで読みます。たとえば野菜を栽培し、それを使った加工食品を作りたいと考えるのならば、野菜と食品製造の教科書を買います。機械の整備の経験がない人なら、農業機械の教科書も買っておいたほうがいいでしょう。

教科書の内容がすべて理解できなくてもかまいませんが、できるだけ理解するように努力しましょう。わからない用語もいっぱい出てくると思いますが、そのときはインターネットで検索をするといいでしょう。

ただ読むだけではなく、どんな仕事をしなければならないのかを想像しながら読むことも重要です。

たとえば、「10アール当たり500個の移植」と書いてあると、300坪に500回苗を植える仕事をするわけです。1つの苗を植えるのに1分かかるとすると、500個植えるのに1分の500倍で500分、すなわち8時間20分かかることになります。

「休み時間も必要だよな。そうすると1人で、1日で10アール移植するのは大変だな……」。そんなことを想像しながら読むということです。

「そんなに大変なら機械はないかな？」と考え、農業機械メーカーのホームページに行って移植機を探すなどをすると、より意義のある勉強につながります。

「本を読むのが嫌いで、どんな本でも読み出すと眠くなってしまう」という人もいるかもしれません。そんな人は、教科書を読むかわりに、官民のやっている就農研修や講座を受けてもいいでしょう。

ただし、研修や新規就農講座も受ければいいというわけでもありません。

## テーマ②「教育・研修について」

この項で書いていく教育・研修とは、すでに就農すると決心して、大農家や農業法人といったところに入って実務を学ぶ以前の段階での話です。

農業の実際を知らないとか、仕事のイメージがわかないという人のなかには、農業を学校で学びたい、あるいは研修を受けたいと考える人も多いと思います。

こうした考えに対して、私は疑問をもっています。なぜなら、こういう教育や研修の効果はそれほど大きくないからです。

私の前職である経営コンサルタントというと、経営の専門家だと思っている人もいますが、実際には大学の経営学部や商学部出身でなくてもなれます。むしろ経営学部や商学部出身だからといって有利になることはあまりありません。

どこのコンサルタント会社でも同じだと思いますが、必要なのは第一に体力です。コンサルタントのノウハウなど、仕事をしているうちに身に付くからです。

農業も同じです。多くの新規就農者は、農業高校や大学の農学部出身ではありません。そんな学校を出ていなくても、農業はできるのです。

どうしても学校に行きたいというなら、農業大学校に行くべきでしょう。農業大学校は東京都以外の道府県が設置している公立の学校と、私立の農業大学校などがあります。詳しくは全国農業大学校協議会のホームページに載っていますので参考にしてください。

基本的には、高卒者から入れる学校で教育期間は2年です。

卒業したら農家として独り立ちできる能力を身に付けさせることに主眼をおいた、実践的な教育内容になっています。入学者の多くは農家出身で、卒業したらそのまま農家になる人が多いので、人脈作りにも役立つでしょう。

ただし、全日制学校ですから、通うとなると仕事を辞めなければなりませんし、学費もかかります。また全寮制の学校も多いので、アルバイトで生活費や学費を稼ぐのも難しいでしょう。そのため、経済的に余裕のない人にはすすめられません。

### ▼民間よりも公的機関の研修を受けたほうがよい理由

とはいえ、まったく農業についての知識がないまま就農するのは無理があると思います。

どうすればいいでしょうか？

やはり自分で勉強するのがいいでしょう。すでに農業高校の教科書を読むといいと書きましたが、そのほかにも独学でできることはしておくべきでしょう。

ご近所の市民農園を借りて種をまいたり、苗を植えたりしてみるのも手です。

休日には作物の様子を見ながら、雑草を抜いていたりしているだけでも学べることはたくさんあります。

大都会の真ん中に住んでおり、市民農園などが近くにない場合は、マンションのベランダで鉢植えのミニトマトなどを作ってもいいでしょう。ベランダでできる水耕栽培のキットを売っている会社もあります。

言い換えると、野菜の栽培技術なら、ある程度は研修を受けなくても自分で習得できるということです。花の栽培も独学で可能でしょう。家畜や果樹の場合、独学は難しいと思いますが、実際にやると決心してから研修を受ければ事足ります。

それでも研修を受けたいというなら、できれば公的機関が行う研修や教育を受けるべきでしょう。

なぜ民間ではなくて、公的機関の研修を受けたほうがいいのか。それは、公的機関の研修は無料であることが多いうえに、高い確率で民間より充実した教育を受けられるからです。

実は、私に対して「就農希望者向けコンサルタントとか、通信講座をやったらどうか。キミは元経営コンサルタントだし、新規就農の本も書いているから、キミの指導を受けたい人は多いはずだ」という人もいました。

実際、自分の宣伝用に本を出し、本より高額の自分の教育講座を受講してもらおうという流れで教育ビジネスを作る人は少なくありません。

確かに私がそんなビジネスをやろうと思えばできるかもしれません。しかし、なぜやらないのか？

理由は簡単で、新規就農の場合、この人は就農できると思えば、行政の新規就農支援機関が無料でコンサルティングをしてくれるからです。

しかも彼らは地元の就農地の状況を私などよりもよく知っており、「この人は有望だ」と思った場合には、農地のあっせんまでもしてくれます。

たいていの新規就農希望者は、就農資金を用意するだけで精いっぱいです。言い換えれば、お金がありません。

私は「民間」ですから、お金をもらわないとビジネスになりません。

これに対し、行政は無料で就農のコンサルティングから農地あっせんまでやってくれるのです。普通に考えれば、有料のコンサルティングなど行政と競争しても勝てません。だから私は就農コンサルタントをやらないのです。

したがって、有料で新規就農コンサルティングをしますとか、農地のあっせんをしますといった民間の会社や団体などは、正直なところ就農希望者の無知につけ込んで、あるいは行政からダメだと言われた人に根拠のない希望を与えることで金儲けしているところもあると思います。

誠実な仕事をしているところも多いと思いますが、そうでないところもあるということです。

そして、それを就農する前の人間が見極めるのは、簡単ではありません。

これに対し、行政の研修・教育は少なくとも最低限のレベルが保証されています。

もちろん、民間でよい教育や指導をしてくれるところが見つけられるなら、そちらを選んでもいいと思います。就農まで努力するのは、それなりに大変ですから、一緒に机を並べ、一緒に農作業をした同じ受講生たちと友人になって、モチベーションを持ち続けることができることもあるでしょう。

ただし、必ず本当にそこで教育や研修を受ける価値があるのかを事前に知るようにしてください。

最低限、「過去に就農した人を教えてほしい」と紹介してもらい、その方の話を聞くことはすべきでしょう。今年や去年から事業を始めたという事業者の場合はともかく、何年も研修事業をしているのに紹介してくれないのなら、就農できた人がいないか、就農しても失敗している人ばかり出している可能性があります。

## テーマ③「無農薬農業の研修について」

民間の農業研修のなかには、無農薬農家が指導しているものもあります。

こういった学校や研修のリーダーの多くには、無農薬・有機栽培を標榜するほか、共通する特徴があります。

残念ながら、毒性学に無知であるか、あるいは無理解だということです。農薬などの化学物質の使用を全否定し、いっさい認めないと同時に、天然の毒物に関してもまったくといってよいほど関心を示さないのです。

レイチェル・カーソンが『沈黙の春』に描いたように、農薬はたしかに環境破壊を引き起こしました。かつて農薬中毒になった経験があり、それがきっかけで無農薬栽培を始めた農家もいます。

農薬は明らかな毒物であり、取り扱いが危険な代物です。農薬の安全性は昔より向上していますが、今でもごくわずかとはいえ中毒事故が発生しています。農家が万全の体制で農薬管理をしなければならないのは自明の理です。

## ▼大根おろしにも毒物が含まれているが……

毒物にはさまざまなものがあります。

ピレスロイドやアレスリンと呼ばれる毒物をあげてみましょう。

これは最もポピュラーな農薬の一つであると同時に、蚊取り線香の殺虫成分でもあります。昔は除虫菊《じょちゅうぎく》から抽出されましたが、光にあたるとすぐに分解してしまう代物でした。

それではあまりに非力だということで、今では殺虫性の向上と光分解性を克服した構造に変わっています。

データがあるわけではありませんが、私たちは一般に、農作物から摂取するよりもはるかに大量のピレスロイドを家庭用殺虫剤から摂取しているはずです。それでこれまで問題はあったでしょうか。

植物のなかには、昆虫から身を守るために毒物を保有していたり、毒物を生成して防御するものがたくさんあります。私たちが食べている食物も例外ではありません。

ジャガイモの芽に毒が含まれているのはよく知られていますが、ほかはほとんど知られていません。たとえばダイコンをおろすと独特の辛《から》みが出ます。これは、ダイコンをおろすとダイコンが虫に食害されたと思ってアリルイソチオシアネートと呼ばれる毒物を生成するからです。この物質が障害となって、害虫とされる一部を除き、大部分の昆虫はダイコンを食べることができないのです。

このアリルイソチオシアネートは、人間にも慢性的な肝臓障害や腎臓障害を引き起こす可能性が高いとされています。

しかしそもそも毒性が現れるほど大量の大根おろしを食べる人などいませんから、ダイコンを食べて肝臓を悪くした人などまずいません。

### ▼天然由来であろうと化学由来であろうと毒性に違いはない

このように、私たちが食べる食物には、健康によい成分だけでなく、天然の毒物も含まれています。

しかし、私たちの体には、入ってくる毒物を解毒《げどく》する能力が備わっています。天然毒と構造が似ている合成毒が一緒に解毒されることもあります。

毒性学の世界では、天然由来であろうが化学由来であろうが、毒性に違いはないとされています。毒性の低い化学由来の物質もあれば、毒性の高い天然由来の物質もあります。一般にこの世界で化学合成物質のほうが天然物質より危険だなどといったら、〝アホ〟呼ばわりされます。逆の例などいくらでもあるからです。

自然農法を崇拝する人たちは、天然毒に無関心である場合が多いといえます。自然の野草などから作る自然農薬を平気で使う人も多いようです。自然農薬が農薬並み、あるいは農薬以上に危険な毒性をもつことがあるのを知らないのです。自然農薬を散布するときも、化学農薬を使うときと同じ防備が必要です。

実際、無農薬農家さんと話をすると、農薬をまったく認めないという考えを持つ人は案外少ないものです。優秀な栽培技術を持っている人ほど、無農薬の限界と農薬の効果をよく知っています。

言い換えれば、優秀な無農薬農家は農薬がどれほど農業に貢献し、消費者が安く農作物を買えるよう貢献したことを認めつつ、自分のスキルを上げるためだったり、生き方として、あえて無農薬をやります。そうでない農家は「無農薬教」を信仰しているにすぎないのです。

断言しましょう。

農薬化学に無知、あるいは農薬を全否定する無農薬農家に学んではいけません。学ぶなら、農薬の効果と貢献を認めたうえで、作物を高単価にしたり、自分の栽培スキルを上げるために、あえて無農薬をやる人を選びましょう。

## テーマ④「家族のことについて」

さて、実際に就農に向けて動き出す前に、必ずやらなければいけないことがあります。自分が就農したいことを家族に伝え、説得することです。

所帯を持っている新規就農したいという人にとって、一番の難関はこれかもしれません。

就農資金は十分。土地の確保もできる。自分の技術にも自信がある。そんな場合でも、家族が納得してくれなければ、就農は難しいでしょう。家族の反対、とくに妻（夫）の反対は「嫁（夫）ブロック」と呼ばれています。

まだ未婚の人の場合は、結婚することになるかもしれない人とデートをしているときに「将来農業をやりたい」と伝えておくといいかもしれません。難色を示すようなら、結婚相手には別の人を選ぶべきかもしれません。

問題はすでに結婚している場合です。

いきなり「農業をしたい」と言いだし、家族から「何バカなことを言いだすの？」と反対されるのは、よくあることです。

一般の人にとって、「農家になる」は、「小説家になる」「芸術家になる」と同じ扱いです。

簡単になれるわけでもないし、なれたところで食べていける確率は低いと思われています。そのうえ、都会育ちの人は、田舎で暮らすことに抵抗感を持つ人も多いでしょう。

では「私も農業したい、田舎暮らしをしてみたいと思っていた」と大賛成されるならいいのかというと、これはこれで問題になることがあります。

都会でしか暮らしたことがない人が、田舎に身を置くことを想像するのは、案外難しいことのようです。良くも悪くも、予想とは逆になることがよくあるということです。

パートナーがどうしても農業をしたいというので、しぶしぶ奥さんがついてきたところ、実際の農村に入ってみると奥さんのほうが急速になじんでしまって「もっと早く来たら良かった！」と言い出すこともあります。

逆に、田舎暮らしにあこがれて、なんとかパートナーを説得して田舎に移住したところ、「思っていた生活と違う」とがっかりする人もいます。

そんなわけで、パートナーが実際の農村に入って、なじめるかどうかは、一種の「賭け」になってしまいます。

## ▼思いつきの発言では、家族を納得させることはできない

ただ、絶対に説得できないパターンは、間違いなくあります。それは、本当に突然、思いつきのように説得を始めることです。相手も心の準備ができていないうえに、なぜそんなことを言いだしたのかわかりませんからパニックを引き起こします。

逆に、パートナーが「いずれ農業をしたいと言い出すだろうな……」と日々の生活のなかで感じることができていれば、話を真剣に聞く可能性は高まるでしょう。

農業に興味があることを匂わせるには、実際にいろいろ調べる姿を見せる必要があります。そして、いきなり農業やりたいというのではなく「いや、ひょっとしたら農業で食べていけないかな〜と思って（笑）」と、半分冗談のようにぼかしてもいいと思います。そして農業の本を買ってきて読んでみたり、家庭菜園を借りて自分で栽培した野菜を笑顔で家に持って帰ってくる。そんなふうにしていると、「いずれこの人と一緒に田舎に移り住んで農業をすることになるかもしれない」くらいの想像はするでしょう。

そのうえで「将来農業をしたいけども、食うのは難しいよな〜」などと言いながらも、一生懸命に就農計画を作っている姿を見せることができれば、「この人は何も考えずに農業したいと言いだすわけじゃない。慎重に、真剣に考えている」と思ってくれるでしょう。

そうした姿をきちんと見せてから、「本気で農業したい。この計画だとなんとかなりそうだ」と相談すれば、パートナーも真剣に話を聞かざるを得ないでしょう。

もちろん、パートナーが話を聞いてくれて、相談の結果、就農することになるのか断念することになるのかはわかりません。しかし、ここまでやって真剣に話を聞いてくれないような人だったら、結婚する相手を間違っていたということかもしれません。ここで離婚してでも我が道をいくか、今のままで人生をまっとうしようとするのか、どっちがいいのかは、私には判断できません。

## テーマ⑤「農業法人について」

実は、農業をするのに、必ずしも個人農家である必要はありません。農業法人に就職する手もあります。この農業法人は給料をもらえるうえに、農業について学べる研修先としても注目されています。

農業法人には多くの会社があります。一部上場企業の農業部門もあれば、従業員が1人だけといった、個人農家に毛が生えた程度の場合もあります。

もっとも、あまりに小さなところは個人的なつながりや業界のつながりなどで従業員を探していることが多く、農業求人サイトに募集をかけるようなところは、何人か従業員がいる会社が多いでしょう。

これを書いている現在、インターネットで農業法人の求人サイトの広告を見ていると「週休2日の農協求人!!　年収450万円以上の案件あり」というキャッチコピーで宣伝しているサイトがありました。これは、多くの求人の提示している年収が450万円以下だということを示唆しています。

つまり、農業法人の就職で年収450万円は相当な高給だということです。週休2日は珍しい好条件というわけでもなく、それなりにあります。

正確には、忙しいときには休みがなかったり、週1日しか休めないが、比較的ヒマな時期なら週休3日になったり、何日も休んでも文句を言われなかったりといった感じになることも多いでしょう。

ちなみに畜産関係は毎日エサをやらねばならないので、完全な休みの日は1日たりともありません。一緒に働く同僚と話し合って、交互に休むなどする必要があります。

## ▼なぜ農業法人で働きたいのかを明確に

全体的なトレンドでいうと、現在は人手不足なので、年収200万円程度にしかならない求人は少ないでしょう。300万円前後が年間給与の相場だと思います。

300万円という数字が多いか少ないかは個人の考え方によりますが、年収1000万円といった高給には程遠い理由は、法人の収益の問題で、がんばってもこれだけしか出せない場合と、人気があるのでこの程度の条件でも人は来ると思っているかのどちらかだといえます。ただし、確実にいえることは、年収300万円ではまとまった資金が必要となる就農のための貯金もままならないことです。

農業法人へ就職する動機は、勤める会社として農業法人を選択する場合と、農業法人でノウハウを身に付けてから独立したい場合の2通りがあるでしょう。

就職先の1つとして農業法人の就職を考えているなら、年収や休みだけではなく、厚生年金を受給できる法人かどうかと、福利厚生を見ておく必要があります。それで気に入らなかったら、就職しなければいいだけです。

しかし、「ノウハウを身に付ける目的」がある場合は、勤務条件だけで選ぶのは不適切です。長年勤める気はないわけですから、どんなノウハウを習得するかを考えて、そのノウハウを得られそうな法人を選ばなければなりません。

### ▼マスコミやインターネットの情報よりも生の声を重視する

そうした調査をするときには、マスコミで好意的に紹介されているからといって信用してはなりません。マスコミの言っていることがウソだとは言いませんが、マスコミには見えない問題点のある農業法人もあるのです。

マスコミで好意的に紹介されていた法人が、たまたま私の友人のいる地域だったので、地元での評判はどうかと電話をかけて聞いたことがあります。

友人は「マスコミの言っていることに間違いはない」と断言しましたが、同時にこんなことも教えてくれました。

友人「ただし、社長は度が過ぎたワンマンだよ。この社員が気に入らないと思ったら、その日のうちにクビにするのは、地元じゃ誰でも知ってるよ」
私「そういうの、マスコミは書かないけど、どうしてかな？」

友人「そりゃ、そうだよ。外面はいいし、マスコミ相手だと一生懸命サービスするんだもん。マスコミがコロッとだまされるのも無理ないし、マスコミもいい思いさせてもらったら、悪くは言えないでしょ？」

こういったマイナス情報は、マスコミは知らなくても地元の人は知っています。そのため、就職してもいいと思える農業法人があれば、法人のある地域の人、すなわち地元の人にどんな会社か話を聞くべきです。

とはいえ、地縁も血縁もない地域だと、話を聞ける親しい人はいないでしょう。簡単なのは、多少信頼性が落ちますが、その農業法人の名前をインターネットで検索して、その情報を丹念に見ていくことです。なかには内部を知る人が実態を書いていることがあります。

この手のネット情報は、単に経営者に恨みを持っている人がデタラメを書いていたり、自分が根性なくて続けられなかったことを恨み節として書いていたりすることもあるので注意が必要です。

次にやることとは、やはり伝手をたどることしかありません。大学時代の友人や会社の同僚で、農業法人の地元や地元の近くの出身の方がいたら、信頼できる人を紹介してくれるかもしれません。そんな人を探すことです。

それでもダメなら、とりあえず乗り込んでみるしかないでしょう。社員募集に応募して、面接を受けてみましょう。それで判断するほかありません。

## テーマ⑥「借金について」

就農の準備を始める時期になると、住宅ローンは別として、借金がある人は一刻も早く返すようにしてください。

消費者金融はもちろん、クレジットカードのリボルビング払い、カードローン、マイカーローンなどはできるだけ早く返済し、債務ゼロの状態にしましょう。

新規就農をするとき、あるいは就農後に借金をするとき、貸し手は必ず信用状態を調査します。このとき、妙に金遣いが荒いと思われるような借金の履歴があると信用が低下してしまいます。そのため本来可能だった融資が断られるかもしれません。

すでに借りてしまったものは仕方がありませんが、就農前に借金をゼロにしておけば、少なくとも「本気でやる気があるんだな」と判断してもらえる材料にはなるでしょう。身分不相応な車を買って高額のローンがまだ3年も残っているとか、長年にわたってカードローンや消費者金融に毎月数万円を返済している人が、就農資金を貸してほしいといっても、簡単に応じてくれる融資担当者はいません。

ちなみにこうしたデータは7年間、信用情報機関に保管されます。

## テーマ⑦「地域別の特徴について」

すでに作物について勉強しろと言いましたが、同じように勉強しておくべきことがあります。それは農業の各分野の特徴と経営モデルです。ここではまず農業の地域別の特徴について紹介していきます。

### ▼地域の特徴「北国を中心とした寒冷地」

この地域に住みたい、暮らしたい――きっかけはどうあれ、悪い動機ではありません。ことに信州や北海道の人気が高いようです。峻険《しゅんけん》なアルプス、美しい白樺林、広大なジャガイモ畑やラベンダー畑。酔っ払いが発する臭いに不快感を感じながら電車で帰宅し、鼻にティッシュを突っ込めば黒々とした埃《ほこり》がついてくるような生活はもうまっぴらだ、美しい自然に囲まれて生きたい……。そんな思いを持つ人が、まず連想する地域だからでしょう。

ここで考えてもらいたいことがあります。信州にせよ、北海道にせよ、イメージがよいと思うところは、ほかの人も同じように思うということです。

場所にもよりますが、いざ就農しよう、土地を買おう、借りようとしたときに、候補地が少ないことも多いでしょう。

北国の寒さに耐えられるのかも問題です。春から秋は北国でも美しい自然を見ることができます。しかし冬はどうでしょう。信州も北海道も雪が降ります。とくに北海道の冬は大変厳しいものです。もちろん寒い地域では防寒設備もしっかりしています。北海道なら家はたいてい二重扉になっていますから、家のなかにいる分には快適です。しかし道路はアイスバーンになり、ハンドル操作をひとつ間違えば車はすぐにスリップします。

農業をやるうえでも、寒冷地は一般に不利です。雑草や病害虫が暖地ほどひどくならないとはいえ、温度や日照時間が足りず、作る作物が限定され、収量が不安定になりやすいのです。

そのうえ冬場は積雪で田畑が使用不能になります。言い換えると、こうした地域で農業をやると、冬は失業状態です。春夏秋で冬の生活費の分まで稼ぎださなければならないため、冬でも作物が作れる暖地より収益上不利といえます。昔から出稼ぎというと北国から出てくる人が主流になるのはこのためです。

「畜産なら一年中仕事がある」と考える人は鋭い観察眼をお持ちですが、実はそうともいえません。とくに困るのは水まわりです。生き物を飼うのに水は必須です。畜産農家はまず間違いなく、家畜に水を飲ませる自動給水システムを畜舎に装備しています。しかし冬の寒さが厳しい地域だと、水が凍ってしまいます。

北海道の畜産農家も対策をしていますが、それでもあまりに気温が下がると凍ってしまうことがあります。そうなると寒さを通り越して、痛いと感じる厳寒のなかで、水道復旧作業をしたり、一日中「氷を解かしては牛に水をやる」といった作業をやる羽目になるでしょう。

農業以外の仕事をしていても、北国の人は屋根に積もった雪を取り除く「雪下ろし」をしないと家を傷めてしまったり、最悪倒壊したりもします。もし信州や北海道のような人気のある地域で就農するなら、そのあたりの覚悟はしておいたほうがよいでしょう。もちろんそうした不利をものともせず、冬はスキー客相手のペンションを経営したり、鹿や猪、熊のハンティングをしつつ、ジビエの店を経営したりするのもいいかもしれません。

### ▼地域の特徴「温暖な地域」

温暖な地域は、農業を行ううえで間違いなく寒冷地より有利です。寒冷地は夏に冷涼な気候を活かした作物を作れる利点がありますが、暖地のほうが多様な作物を作ることができます。とくにハウス栽培では、暖地と寒冷地の間には歴然としたコスト差が出ます。

温度を要求する作物を育てるとき、平均気温が高い地域のほうが暖房費が少なくすむのは自明の理でしょう。地域によっては冷害を気にしなくてよい場合もあります。作物の生長も、一般に寒冷地より暖地のほうが早くなります。

その反面、病害虫は多くなります。稲につく害虫にメイチュウがいます。普通、夏の間に2回孵化《ふか》するのでニカメイチュウと呼ばれます。ただし高知などの暖地では3回孵化するので、サンカメイチュウと呼ばれます。北海道に梅雨はありませんが、暖地の梅雨は、この時期の畑作物を湿気過多にして、病気を呼び寄せます。

とはいえ、やりたい作物によりますが、寒地有利の作物を主力にするつもりがなければ、どちらかというと暖地での就農のほうをおすすめします。

### ▼地域の特徴「都市近郊」

「都会の刺激と無縁の生活をするのはいやだ。農業をやりながら、映画館で映画も見たいし、コンサートにもいきたい。都市は農産物の大市場でもあるわけだから、新鮮な野菜を作って持っていけば売れるはずだ」

このように考える人もいるでしょう。しかしながら、都市近郊は先に述べた「あこがれの地」よりもさらに人気があります。都市から1時間圏内にある理想的な農地を手に入れるのはより難しいでしょう。趣味で週末農業をやる人が土地の獲得競争に名乗りをあげてくるからです。

農業で収益を上げなければならない競争相手なら、土地を買うにせよ借りるにせよ、出せる金額は限られたものです。

しかし週末農業は多少の実益を兼ねているとはいえ趣味ですから、出せる金額が違います。趣味農業者は採算など無視できるのです。

趣味農業者の欲しい場所は、交通の便のよいところです。とくに高速道路のインターチェンジの近くから埋まっていく傾向にあります。採算面から考えて、新規就農者が手に入れることができるのは、近郊といえども交通の便があまりよくない場所になる可能性が大です。

しかし、それはメリットだと思ったほうが賢いといえます。たとえば、交通の便のよいところは泥棒が多い傾向にあります。都市近郊の野菜畑では、闇夜に紛れて（場合によっては白昼堂々と）畑のトマトやキャベツなどを盗みにくるのです。

道路を走っていると、すぐ脇に、店に並べたら商品になるものが転がっている。周囲を見渡しても誰も見ているようには思えない。少しだけならいいだろう……そのように考える不届き者がいるのです。

都市近郊でビニールハウスをもっている農家は、泥棒がくるとわかっていてもハウスに鍵をかけません。ハウスに鍵をかけると、賊はビニールを破って侵入してくるからです。ビニールを破られる損害と、トマトをいくつかとられる損害と、どちらが大きいかを考えると、鍵をかけることは得策ではないのが現実です。

もし、幸いにも交通の便のよい場所を確保できるのなら、少なくとも道路に面した場所には、簡単に盗めない、盗んだところで商品にするまでにいくつかの工程を要求する米などの作物を作ることをおすすめします。

### ▼地域の特徴「辺境過疎地」

自然環境は最高。でも周囲は老人ばかり。地元に定着する若者は公務員の就職口を確保できた者くらいしかいない。最寄りのコンビニにいくのに車で20分はかかる。近くに高校がないため、高校生になると子どもは下宿を余儀なくされる――そんな地域は、たとえ人気の北海道でも、当然、就農希望者はほとんどいません。

農業をする場所としては、山間地が多く、田畑は比較的小さいものが多くなります。本当の辺境になると、いわゆる千枚田《せんまいだ》（小さな田んぼが階段状に並んだ棚田のこと）しか田畑がないところもあります。

しかも山に棲む鹿、猿、猪、熊などが出没し、田畑を荒らすこともあります。

近年、こうした獣害は年々深刻化しています。農家の高齢化によって害獣を排除する柵などを作りにくくなっているのに加えて、ハンティング（狩猟）をする人が少なくなっているため、野生動物が増えすぎている地域が多いのです。

ただこういう土地は人気がないので取得コストが安く、条件が厳しい分、行政のバックアップも手厚くなりがちです。集落が絶滅寸前で、若い農業従事者は自分だけといった場合には、好き勝手に地域全体を使える可能性もあります。

無農薬栽培を志向する人にとっては、見逃せない優位性もあります。川下の便利のよい場所だと、上流から流れてくる水に農薬が含まれていないことはありえません。川上に人が住んでいなければ、最高の無農薬栽培ができます。

とはいえ、害獣被害の程度にもよりますが、「狩猟もやる」くらいの人でないと本当の辺境過疎地での就農はすすめられないと思います。

## テーマ⑧「作物別の特徴について」

次に、作物別の知識について紹介していきます。

### ▼作物別の特徴「稲作」

稲作
参入困難度＝低
収益期待＝低
機械化進捗度＝高
必要資金＝小〜大

コメは、日本の主食である最も重要な作物です。メインは、うるち米と呼ばれる食用のコメで、ほかに日本酒の原料になる酒米や、餅の原料になる、もち米があります。

日本の農業はコメを中心に作られてきたといってもよいでしょう。

そのため、品種改良も機械化も最も進んでいる作物です。近年コメの価格は下落傾向が続き、

水管理
農地に水を入れるときのルールが、地域ごとに定められている。

大規模化しても収益があがりにくくなっています。

そうした事情から、多額の補助金がつく飼料米（家畜の飼料にするコメ）を作る農家も増えてきました。

機械化が進んでいるため、1反当たりの労働時間は少なく、大規模化が容易です。反面、1反当たりの収益性は低くなります。

コメを作る農家は大きく大規模専業型と小規模兼業型に分かれます。

大規模専業型は、ほとんどコメによる収益で生活しているので、経営規模は最低でも10町歩程度になるでしょうか。

経営規模が大きいコメ専業農家は、使う農業機械も大型で、機械をそろえるだけでも2000〜3000万円は普通にかかります。また大規模になると農地が何地域もまたがっていることが日常茶飯事で、地域によって違う水管理のルールにあわせて仕事をしなければならないなど、大規模なりの苦労もあります。

したがって億単位の就農資金を持っていても、初心者がいきなり大規模稲作に参入するのはおすすめできません。小規模でいいのである程度実績を積んでから大規模化すべきです。

これに対し、小規模兼業型は、メインとなる作物が別にあり、コメは副業的に作っています。経営規模が小さいため、たいした収益にはならず、自分の人件費を考えれば実質赤字になっていることも少なくありません。

それにもかかわらず、稲作を続けている農家が多い理由は、第一に保有している農地を最も手間なく管理できることです。

次に連作障害がなく、野菜などを作る場合、水田を輪作の計画に入れておくと、畑の雑草を一気に減らせるなど野菜作付けの環境を整える効果があるからです。

なぜ畑の雑草を一気に減らせるのかというと、何年も畑をしていると雑草が増えてきます。そんなときに水中で育つ稲作を挟むと、畑の雑草が環境の激変に耐えられず生育できません。すると生長して種が落とせなくなるので、一気に雑草を減らすことができるのです。

### ▼作物別の特徴「野菜」

○野菜
参入困難度＝低
収益期待度＝ものによる
機械化進捗度＝低〜高
必要資金＝栽培法による

多くの新規就農者が挑戦する作物です。その理由は、比較的小面積、低資金で始めることができるからです。

必要な機械といえば中古のトラクター（ないしは耕耘機）や軽トラック程度で、機械が中古でもいいのならば、装備をそろえるのに100万円程度ですませることができるでしょう。もっと

**耕耘機**
「こううんき」と読む。歩行型のトラクターのこと。普通のトラクターは座席があるが、耕耘機は座席がない。小型の耕耘機は「管理機」と呼ばれることもある。

もこれは露地栽培の場合で、施設栽培を選ぶならそれなりに投資がかかります。

経営形態は、大きく分けて少品種大量型と多品種少量型があります。

少品種大量生産型は、1つだけ、あるいは2、3くらいの作物を大規模に栽培します。有名な長野県川上村のレタスなどがこの経営型になります。一部の作物では機械化が進んでおり、比較的ラクに大規模化できることもあります。

多品種少量型は、だいたい3反から5反程度の畑に常時10種類以上(年間ですと30~50種類程度)の野菜類を栽培し、近くの家庭に宅配したり、直売所に出したり、インターネットで売ったりしてお金を稼ぐことが多いようです。

この方法は、必要資金は最小限ですみますが、将来像が描きにくい点がネックです。将来像を描きにくいというのは、野菜の多品種少量生産は効率が悪くなることが多く、忙しい割に低収益になりがちだからです。

野菜は種類が多く、多種多様です。一般には収穫までに3ヵ月から半年くらいで生育する作物が多いのですが、早いものなら1ヵ月程度、遅いものだと数年かかることもあります。

また、仕事を選ぶうえで意外と見過ごされやすいのは重量です。イチゴやピーマンなど、小さかったり、割と大きくてもなかが空洞だったりする作物はコンテナに入れて運んでも軽いものですが、トマトや芋など、中身が詰まっている作物は重く、コンテナに入れて運ぶのはけっこうな重労働です。

もっとも、コンテナを載せて運ぶ農業用の車輪の付いた台車も売ってますから、それほど重量は気にしないでもいいかもしれません。

資金が少ない場合は、できるだけ短期間で栽培できる作物を中心にするなど工夫する余地もそれなりにあります。

### ▼作物別の特徴「果樹」

◯果樹
参入困難度＝高
収益期待度＝中
必要資金＝大
機械化進捗度＝中

リンゴやミカン、ブドウ、ブルーベリーや梅、桃、栗、柿など、木になる作物を作ります。

リンゴやミカンをやる場合、気候的にできる地域が限られています。リンゴなら北海道から長野あたりまでの北日本になります。実際には生産量の多い青森と長野が最も有望な就農候補地となるでしょう。ミカンなら南日本、最も有望なのは静岡、和歌山、愛媛です。

その他の作物は北日本でも南日本でも、だいたい栽培は可能でしょうが、やるなら生産量の多い地域を選ぶのが有利です。すでに流通経路が作られていて、自分で販売先を見つける必要性が少ないからです。

高い木が植えられている場合は、収穫や農薬散布に手間がかかることが多いのですが、農薬散布はこれから「ドローン」と呼ばれるラジコンヘリが普及するでしょうから、あまり心配する必要はないでしょう。

とはいえ背の低い木のほうが収穫は容易なので、背が高くならないよう管理するほうが良いのは間違いありません。またリンゴやミカンは、収穫後の選別は機械化が進んでおり、収穫さえすれば、あとはラクなことが多いようです。

果樹は一から始めるのはハードルが高い作物です。

なぜならタネや苗を植えてから実がとれるようになるまで数年かかるからです。そのため、果樹専業で一から始めるのは難しく、多くの場合コメや野菜などほかの作物で食べていきながら果樹の生長を待つことになるでしょう。

ただし、辞めていく農家の果樹園を買い取るなり借りるなどすれば、1年で収入を得ることもできます。この場合、管理が行き届いていない果樹園だとあとで苦労することも多いので、木を見る「眼力」を身に付けたり、眼力を持っている人に木を見てもらってから買う・借りる判断をするのが良いでしょう。

基本は一度植えたら、何年も、長いものなら何十年とその木から実をとることになるので、最初の失敗は最もしたくない分野です。

### ▼作物別の特徴「花卉」

○花卉《かき》

参入困難度＝低〜中

収益期待度＝中

必要資金＝中

機械化進捗度＝低〜中

花卉というのは、いわゆる花です。花を作る農家というと、多くの人はバラやカーネーションを想像されるでしょうが、最も多く作られているのは、葬式で大量に使われる菊です。胡蝶蘭など、高級品になると鉢1つ何万円もする、とても高価な花もあります。

基本食べるものではなく、いかに美しい花を作るかによって収益が変わってきます。切り花はひとつひとつが軽いので、高齢者や女性でも扱いやすいですが、鉢植えになるとそれなりに重労働になります。

鉢に入れる土は、意外と重いのです。そのため、小さな鉢でも20個まとめて運んだり、大きい鉢を使った商品を作って運んだりすると、けっこうな重さになります。1つを運ぶくらいなら苦にならないかもしれませんが、一度に何個も、何十回、何百回と運ぶ労働は、人によっては腰を痛めることになりかねません。上手にやるとそれほど体力は使わないようにもできますが、鉢植えは重い野菜並みの力仕事だと思って始めるのが良さそうです。

## ▼作物別の特徴「畜産」

○畜産
参入困難度＝高
収益期待度＝中〜高
必要資金＝大
機械化進捗度＝養鶏は極めて高いが、他は低い

動物を飼う畜産は多くの種類があります。

主な動物は、ニワトリ、ブタ、ウシの3種類です。ニワトリには卵を取る場合と、鶏肉を生産する場合の2種類があり、ブタは肉の生産用のみで、ウシは牛乳を搾る場合と肉にする場合があります。

趣味程度に少数飼うだけなら、それほど大きな資金は必要ありませんが、生活を支える仕事としてやるなら、多数を飼うことになるため、多額の資金が必要です。

養鶏の卵は、基本おすすめしません。卵は何十年と価格が上がっておらず、スーパーの目玉商品になるくらいで、コスト競争力を問われます。

企業が銭単位（1円の100分の1）のコストダウンにしのぎを削り、機械化を押しすすめている世界なので、個人レベルで太刀打ちするのはほとんどの人には不可能といって良いでしょう。

**F1**
雑種強勢という育種の技術で作られた動植物のこと。よく育ち、収量も多いが、F1 からとったタネは F1 ほど育たず、収量も低いので使われることはほとんどない。そのため農家は毎年種を買う。

ブタも企業が飼育していることが多いのですが、個人レベルでもまだ対処は可能なレベルです。肉牛は、和牛や交雑種（F1）の子牛を産ませて育てたり（繁殖という）、子牛を買ってきてエサを食べさせて大きく太らせる（肥育という）場合、そして一貫経営と呼ばれる、産ませた子牛を肉にするまで一貫して育てる場合があります。

繁殖農家は比較的小規模で、肥育農家は大きくなる傾向にありますが、近年繁殖農家が減りすぎており、肥育農家の間で子牛の取り合いになり、繁殖子牛は大変高収益な仕事になっています。今ですと、50頭も母牛を飼っておれば普通に年収1000万円は軽く超えるでしょう。

ただし、畜産は新規参入が困難なことが多い分野です。資金が多額になりがちなこともありますが、それ以上に就農地の住民に反対運動を起こされることが多いのです。

家畜を飼うと糞が出ます。糞の悪臭が嫌われて、やりたくてもやらせてもらえない地域が多々あります。

全国を見渡すと畜産団地と呼ばれる、主に牛舎が集められている地域もあります。畜産団地は、地域住民が畜産農家を嫌うので、致し方なく畜産農家が1ヵ所に集められているのです。畜産農家の家畜舎は、一般の人にとって迷惑施設なのです。

「市場の評価が高い、有名なブランド産地なら地域がバックアップしてくれるだろうから、そういう所に行けばいいのでは」という人がいるかもしれませんが、ブランド産地も例外ではありません。

そのため、畜産は周囲に「臭い」などのクレームをつけてくる人がいないところを見つけなければ、いくらお金があっても就農は困難です。

逆にいえば、そういう地域を見つけられれば、参入障壁が高いので競争相手の少ない、比較的安定した経営基盤をもつことができます。

## テーマ⑨「経営モデルの知識について」

最後にご紹介するのが、経営モデルについてです。先に書いた地域や作物とも密接にかかわっているところでもありますが、これからの農業を考えるうえで、とても重要な要素であると思いますので、少し長めにご紹介していきます。

### ▼経営モデル「少品種大規模経営」

多くの専業農家がやっている経営型で、企業が参入することも多い経営形態です。コメならコメだけ、トマトならトマトだけを大量に作って青果市場や契約栽培先の大手小売業や飲食業などに卸す農業です。

とはいえ実際は、1つの作物だけを作るだけの農家は少なく、複数の作物を作っているのが普通です。

たとえば北海道ですと4年輪作といって同じ農地に1年ごとにイモ、ビート、豆、麦を作る農法があります。４枚農地があると1枚ごとにイモ、ビート、豆、麦が植えられていて、翌年別の作物が植えられ、１枚の農地は４年で４種類の作物が栽培されることになります。

こうした方法をとるのは、連作を嫌う作物は毎年栽培場所を変える必要があるからです。

少品種大規模経営は、作る作物が少ないので技術の習得が容易になるうえ、専用の機械も導入しやすいので生産性は比較的高くなります。

しかし１つの作物に売上の多くを占めるため、市場の価格変動の影響を受けやすい経営体質になります。

価格が高騰すればものすごい儲けになることもありますが、価格が暴落すると全然儲からなかったり、赤字になることもあります。

そういった事情から、ある程度大きくなると、今作っている作物をより増やすよりも、もう１つ、２つ別の作物を作ることが多いようです。

たとえば、３つの作物を作っていると、１つの作物がダメになると売上は3分の1まで落ちますが、６つの作物を作っていると6分の１の下落で済むので、経営を安定させやすいといえます。

もっとも、今作っている作物の繁忙期の重ならない作物を選ばないと忙しすぎて、手が回らなくなります。

何を増やすかは、それなりに知恵を絞ることになります。

### ▼経営モデル「減反対応経営」

コメが余っているため、政府が命令して全国の農家が作りたい量の何割かを作らせない、いわゆる減反制度はすでに廃止されています。

しかし、政府が命令しないだけで、今も自主的な減反をする地域が多く残っています。そのため、コメを作る農家が減反した分の農地で別の作物を作るという経営様式です。

これは、ふだんサラリーマンとして生活している兼業農家がよく使う経営型で、たいていの場合、減反分に作る野菜類が負担になります。サラリーマンをしていて、時間がないのでコメを作りたいのに作れないので仕方なく野菜などを作るのです。

もともと時間がないからコメを作りたいのに作れないという状況下で野菜を作るのは大変です。そのため近年は減反をしない農家や地域も、それなりに出てきています。また、野菜を作りたがらないこうした農家に、野菜を作らせてほしいと頼めば、割と簡単に農地を借りることができるでしょう。

### ▼経営モデル「多品種少量経営」

お金がないという方には、小規模農業に魅力を感じている方が多いようです。

実際「小さな農業」で生活していけるということで、ここにテーマを絞った新規就農本がよく出ています。農業としては投資額が安くなるので、お金のない新規就農者には人気のある経営形態です。

投資額は安くすませるなら中古の軽トラックと小型の耕耘機（トラクター）程度で100万円もかかりません。少ない農地で1年間に30～50種類の野菜を作って、直売所に出したり、ご近所のお客様に宅配したり、インターネット通販で売ったりします。毎日のように出荷すれば、その分だけすぐに収入になるので、運転資金も少なくてすみます。

新規就農機関を通さずとも、先に記したように、コメをメインにした兼業農家の減反分を貸してもらう程度で農業を始めることも可能でしょう。

多品種を作るため、それなりにスキルも必要になりますが、1つの作物で失敗しても他の作物でうまくいけば損失をカバーできるので、経営の安全性は比較的高いものがあります。しかし作物ひとつひとつは作る量が少なく、手作業に頼ることが多いため、収益性は高くなりません。

たとえば目標とする年間所得を500万円としましょう。500万円の年間所得を取ろうと1年間で300日働くとすると、1日当たりの利益は約1万7000円。経費半分として1日平均の売上は3万4000円必要になります。

3万4000円を稼ぐためには、作物をどれくらい売らねばならないのでしょうか？

商品1個当たりの売上を平均200円と見た場合、1日170個です。1日170個というと、作っているものにもよりますが、だいたい軽トラックの荷台に敷き詰められる程度の量になるでしょう。収穫し、ものによっては水洗いし、袋に詰めてトラックに積むまでの時間は、約2時間。そこから直売所に持っていって並べたり、配達に行ったり、宅配便の会社に持っていったりします。当然、それらには相応の手間がかかります。

個々の家庭に宅配するなら、客単価（顧客1人当たりの売上）2500円として6軒から7軒程度でしょうか。いずれにしても1時間くらいは必要になるでしょう。

すなわち、1日3時間くらいは出荷作業をすることになります。農作業は残りの時間でやることになるので、けっこう忙しくなるでしょう。

この経営型は、多くが1年中農地を遊ばせることなく、使い切るため、雪の降らない南の地方でやるべきです。豪雪地帯だと冬場は農業ができないため、稼げなくなるからです。もっとも、そんな農業ができない時期にできる副業を持っているのならば、それもありでしょう。

### ▼経営モデル「6次産業経営」

いわゆる、作物生産だけではなく、自分の作った作物を素材にして加工食品を作ったり、自分で小売りしたり、小売店に卸したりして稼ぐ経営型です。

野菜農家がレストランを作ったり、イチゴ農家がイチゴ狩りの観光農園をやったり、酪農農家が自分で搾った牛乳を使ってアイスクリームを作るなど、近年注目されることが多い経営型です。

出鼻をくじくようですが、新規就農者には、この経営型はおすすめしません。

なぜなら、新規就農するならば、まず農業で食べていける状態になることを第一の目標にしなければいけないからです。食品加工や料理などの仕事スキルがもともとある人は別として、農業以外の仕事もやることになる6次産業化は、農業で食べていける見込みがついてから始めるべきです。

この6次産業化については、近年注目されていますが、現実の6次産業化は必ずしもうまくいっているとはいえません。考えてみてください。たとえば野菜や果物を加工して何か商品を作っても、売れるとは限りません。むしろ売れないことのほうが多いでしょう。

なぜなら加工食品は多くの食品会社がすでに取り組んでおり、その道で数十年とやってきた専門家がうようよしている市場だからです。そんな市場に、初心者が少し勉強して作った程度の商品を持っていっても、ヒットする可能性は低いことくらい誰でも想像がつくでしょう。

もちろん6次産業化がダメだというのではありません。この分野で当てれば、言い換えれば大成功すれば、上場企業を作ることさえもできます。

典型例はカゴメ株式会社です。カゴメはトマト農家が6次産業化としてトマトソースを作ったところから始まった会社です。

とはいえ、カゴメも売れるソースを作れるようになるまでには、それなりに苦労しています。多くの6次産業農家も同じで、商品開発がうまくいかず、儲からずに苦労ばかり多いというケースもよくあります。

もっとも、旅行業で長年やってきた人が、最初から観光農園をやろうと考えて就農するとか、シェフが自分で作った作物を使ったメニューを作りたいとかいうなら、最初から6次産業を始めてもいいかもしれません。そんな少数の例外はあるでしょうが、農業で食べていけるめどがついて、時間と余裕ができてから挑戦しても遅くない。それが6次産業化です。

6次産業で成功するためにどうすればいいのかは第5章でも書きます。

▼経営モデル「農作業代行業」

アメリカなどで、農薬を散布するときに飛行機を使うことがあります。何十ヘクタールもの農地があると、トラクターで散布するより飛行機で散布したほうが早く安くつくからですが、多くの農家は飛行機を持っていません。飛行機を持っている、農薬散布を仕事としている会社に農薬散布をしてもらうのです。

日本でも近年、農薬散布を業者に頼むことが多くなりました。飛行機で散布する場合もあれば、ドローン（ないしはラジコンヘリ）を使って農薬散布する業者もいます。

コメ農家では、ほかの農家に頼まれて稲刈りを代行していることもあります。

零細な農家では高価なコンバインを買うと採算が取れないので、コンバインを持っている農家に刈り取りを頼むのです。

新規就農するとき、当初考えていたより少ない面積の農地しか確保できない場合、近所にご高齢であと何年も農業ができないと考えている人がいるなら、こうした作業代行のオペレーターとして一時収入を得る道もあります。

ドローンやラジコンヘリを買って農薬散布を代行したり、今の規模で使うには多少大きいくらいの田植え機やコンバインを買い、田植えや稲刈りの代行をして収入を増やすこともできます。

こうした仕事をする場合、注文が多い時期に忙しくなる作物は作れませんが、それさえ気をつ

**養液栽培**
土を使わず、水に根を浸けて栽培する農法。ロックウールを使った培地に根を張らせることもある。

ければ、毎年一定の収入が確保できるので失敗は少ないでしょう。

また、ここでちゃんとした仕事をしていれば、近い将来高齢農家が引退するときには、「あなたに農地をまかせたい」と言ってもらえやすくなるという効果もあります。

## ▼経営モデル「植物工場」

近年よく話題になる経営モデルの1つが植物工場です。土を使わない養液栽培や、建物のなかで太陽光を使わずLEDの光を当てて作物を育てたりします。

こうした栽培法を取る場合、植物が生育するのに最も良い環境を整備することになります。外部の環境とまったく隔絶されたところで作ると、虫も病原菌も入ってこれないので無農薬栽培が容易にできたりもします。

作物にとって最も良い環境で、病害虫のいない環境で作ることになるので、作物の味や栄養価も、通常の栽培法で作るより良いものができることもよくあります。

しかし植物工場は、投資額とランニングコストが過大になりがちなのがネックです。高度にシステム化された植物工場は、それだけ建設コストが大きくなるうえに、電気代などもバカになりません。そのため、けっこうな高値で作物が売れていても、実際は赤字ということもあります。

この方面に詳しい方によれば、今の日本に存在している植物工場の半分は赤字ではないかということです。何億円も使える自己資金があるとか、これまで工場の経営をしていて多角化の1つとして植物工場を選ぶという場合はやってもいいかもしれませんが、個人レベルの農家がいきなりこの分野に参入するのはおすすめしません。

### ▼経営モデル「兼業農家」

ちょうどよい規模の就農候補地がなかったり、運転資金的に厳しいといった場合には、兼業農家になるという手もあります。

零細兼業農家は、たいていコメを作っています。最も手間がかからないからですが、すでに記したように、地域によってはまだ残る自主的な減反をするために、一部野菜を作っていることもよくあります。こうした農家は野菜を作るのに手間がかかるので、野菜を作らなければならない面積分は人にまかせたいと思っていることも多く、そうした農地が市民農園として貸し出されていたりすることもあります。

また、先に挙げた「小さな農業」である多品種少量農家を希望する人に一部農地を貸してもいいと思うのは、このタイプの農家が多いでしょう。

戦前、あるいは江戸時代の農家はみんな専業農家だったかのようなイメージを持つ方も多いでしょうが、実際は兼業農家もたくさんいました。

今のように商品経済が整備されていないので、鉄製の農具を作る鍛冶屋《かじや》とか、農耕馬の取引をする馬喰《ばくろう》（博労と書くこともある）など農業に付随する仕事は兼業農家がやっていることが多かったのです。

海沿いでは漁師と兼業していた農家もいたでしょうし、酒造会社で酒を造る杜氏は、農家の出稼ぎの仕事だったのをご存じだという人も多いでしょう。

兼業農家なら、兼業する仕事がありますから、生活費の用意はそれほど必要ありません。

たとえば、パートナーが教職免許や医師免許、看護師資格を持っていたら、どこでも仕事を得ることができるでしょう。パートナーが、仕事ができるなら住んでいる地域を問われないプログラマーやWEBデザイナーのような場合も、心配はないかもしれません。当面の生活に必要なお金はパートナーに稼いでもらって、自分は農業に専念しておればいいのです。

もちろん自分がそういう職種の経験者なら、自分がやってもいいわけです。別に月曜から金曜まで別の仕事をしなければならない必要はありません。週に2日とか3日くらいを別の仕事をして最低限の生活費を稼いで、残りの日を農業に費やしてもいいわけです。

この本の出版元であるプレジデント社には、昔、ある名編集者がいました。

彼は、ある日突然農業をやりたいと宣言して退職されました。出版業界でも有名な方だったようで、「あいつが農業をやるのか!」と社内のみならず業界内で驚かれたそうです。そんな彼は、退職後も同社から編集の仕事をもらって当面の生活費の足しにしていたと聞いています。

どんな業種であっても、こういうところで過去の仕事の実績が活きてきます。

今はどこでも人手不足です。社員から搾取することしか考えないブラック企業に勤めているなら話は別かもしれませんが、そこそこ良い会社なら、まじめに仕事している優秀な社員が「農業をしたい」と退職を申し出たら、「辞めるのは残念だが、もしダメだったら戻ってこいよ」くらいは言ってくれるでしょう。そして、すぐには食えないなら、多少仕事を回してやれないかくらいのことは考えてくれるかもしれません。

たとえば、「すぐに食えそうにないなら就農地の周辺にいる顧客へのセールスだったり、メンテナンスの仕事をやってみるか？　週2日くらいならできないか？」と言ってくれたりするかもしれません。そんな提案があるなら、前向きに検討してみたらどうでしょうか。当然ながら、そういったことを自分から交渉してもいいでしょう。もちろんダメだったら別の手を考えればいいわけですから。

現在の兼業農家は地方公務員や地元中小企業に勤めるサラリーマンといった人が多いですが、地域で重きを成している商店や工場を経営している人もいます。

田舎の市会議員、町会議員はもちろんのこと、市長、町長といった人でも、兼業で農業をやっている人はよくみかけます。

こうした人たちは、本業を農業とせず、別の仕事をメインにしていることが多いので、農業は休日にしかやらないことが多いのですが、兼業農家はそんな人たちばかりではありません。なかには別に仕事を持ちながらも、下手な専業農家顔負けの熱心さで農業をやっている人もいます。

専業農家顔負けの仕事をする兼業農家は、平日必ず会社に行かねばならないサラリーマンは少なく、自営業をやっている人が主流になります。

自営業は自分で仕事を選べるため、農業が忙しいときには仕事を入れないようにして、農業が暇になったときに別の仕事を入れるわけです。

# 第4章

# 経営計画ができたら次にするべき12のこと

## 経営計画書を持って支援機関を訪ねる

経営計画書ができたところで、まずは地元の就農支援機関を訪ねていきます。主な窓口は次の3つとなります。

・新規就農相談センター
・JA（農協）
・普及指導センター

最も一般的なのは、新規就農相談センターです。全国農業会議所の下部組織で、東京の本部のほか、全国都道府県に設置されています。

農業会議所は、農業公社ともいわれることもある公的機関に近い存在（一般社団法人）です。農地中間管理機構（農地バンク）を保有しており、借り手を求める農地の情報が集まっています。すなわち、ここで認められたら、土地の確保まではスムーズにいくということです。なお、2019年5月に農地バンクの見直しがあり、コーディネーター役を担う組織と農地バンクが一体となって、人や農地プランを核に農地の利用集積・集約化を推進していこうとしています。

各地のＪＡも相談窓口をよくおいています。ただ、全国の情報を持っていることはありません。基本、地元の農業振興のために設置されているので、就農地域が絞られて、このＪＡのある地域での就農を考えているという場合に行くべきでしょう。

普及指導センターでも相談は受け付けてくれますが、本業である農家の支援の仕事が忙しいので、都道府県レベルでの就農地の絞り込みができてから行ったほうがいいでしょう。

一般的にいうと、たとえば東京在住の方が広島で就農したいと考えているとするなら、東京の新規就農相談センターで相談し、広島の新規就農相談センターにその情報が回され、さらに地元のＪＡや普及指導センターの職員と話し合いながら就農地や使える農業支援策を利用しつつ、就農していくといった流れになります。

### ▼就農支援機関を訪ねるときに必要なもの

社会人として当然のことですが、行くと決めたらまず電話なりメールをするなどして約束を取り付けます。持っていくものは以下となります。

・就農（経営）計画書
・就農（経営）計画書を作るうえで使った資料
・ノート（または手帳）と筆記具

行く前には、一通りニュースにも目を通しておきます。たとえば野菜で就農したいのに、相談に行って野菜のニュースの話をふられて知らないなんてことになると、本気かどうか疑われます。

就農アドバイザーに会ったら、挨拶をした後、「広島で就農を考えています」「牛の繁殖をやりたいと思っています」などの希望を伝えたうえで、経営計画書を見てもらいます。

アドバイザーは第1章に書いたように「この計画書はどうやって作ったのですか？」と聞いてくるでしょう。そのときに「こういう資料を使って作りました」と計画書を作るのに使った資料を見せます。

たとえば、広島で就農したいと言っているなら「粗収益や所得、労働時間などのデータは、広島県の経営指標から算出しました」とか「農水省の統計データを参考にして作りました」といったように、出てきた数字の根拠を示すということです。

先に挙げたカモミールの場合のように、こうした公式データがなく、でっちあげた場合も「農水省や都道府県のデータを探しきれませんでした……」と正直に伝え、データを作ったときの考え方を具体的に説明しましょう。

### ▼計画の修正は柔軟に考えていこう

そのように誠実に説明すると、たいていのアドバイザーは納得してくれます。そのうえで、疑問がある場合には質問がきます。

場合によっては、「ここが間違っています」とか「今だとここの数字はだいぶ違いますよ」と言ってくることもあるでしょう。そうした間違っているところが、単純なミスなら直さなければいけません。

本に書いていない地域事情を指摘されることもあります。参考にした本に書かれていることが事実であっても、地域によって通用しないこともあるからです。

海沿いの場所である作物をメインにして就農したいと思っている新規就農者がいるとしましょう。この作物は同じ県の内陸部ならよいものができるが、海沿いでは塩害があるのでよいものが作りにくいといった場合、当然アドバイザーは、「この作物をやるなら、ここではやらないほうがいい。塩害の起きない、もっと内陸部で就農すべきだ」と言うはずです。

また、農業は外から見ると案外変化しているように見えませんが、なかでは数年で状況が変わっていることもあります。たとえば、牛の肥育をやりたいと言っても、今なら「肥育よりも繁殖のほうがいい」とたぶんすべてのアドバイザーが言うはずです。

牛の繁殖によって出荷される牛が減り価格がどこも高騰しています。それでも出荷頭数が増えないので、少なくとも数年、おそらく10年以上は肥育よりも繁殖のほうが儲かる……言い換えれば成功しやすいと知っているからです。

そうした話し合いをしばらく続けていると、当初希望していた地域よりも別の地域のほうがいいとか、自分が考えている作物よりも、別の作物をやるほうがいいかもしれないと考え直すこともあるでしょう。
そんな場合は、再度訪問を約束して、そのように計画を修正していくことになります。

### ▼アドバイザーの助言に疑問を覚えたら率直に質問する

アドバイザーの発言がピント外れに聞こえることもあるでしょう。そういうときは、「なぜそう思うのか」と聞きましょう。そして場合によって反論してもかまいません。ただしその反論は、アドバイザーに説得力を感じさせる具体的なものでなければいけません。

説得力があるのは、自分の強みが活かせる場合です。たとえば自分の作った作物を直接消費者のもとに宅配したいと思っているとします。飛び込み営業でそこそこの成績をあげてきた実績があるなら、その点を強調すればアドバイザーは反論しにくいものです。

機械設計のエンジニアなら、高価な機械がたくさん必要になる稲作をやるとしても、使い古しの中古を修理して、新品なら1000万円以上かかる投資を100万円くらいですませる自信があるといえば、アドバイザーも無下《むげ》には否定できません。

自己資金が足りない場合でも、銀行員だから融資担当者を説得する方法を熟知しているとなれば、アドバイザーも少しは安心感を持つことでしょう。

こうした強みがない場合は、マーケティングの勉強や調査をした結果、この作物を選択したといえばよいでしょう。

もちろんこうした反論は、本当に自信があることしかやってはいけません。アドバイザーをだましてて就農しても、本当にその能力がなければ失敗するでしょうから……。

### ▼自己資金と家族のことについても聞かれる

次に聞かれるのは、自己資金の額です。

農業はわずかな例外は別として、相応の資本がなければできません。

自己資金は今いくらで、これから1年でどれくらい増えるかを数字で説明しましょう。十分な自己資金が用意できていないことがわかっているときには、そうした自覚を持っていることも話しておきましょう。

アドバイザーは、やる気が本物だと感じたら、できるだけ自己資金不足をカバーできる就農先と就農法を選定しようとしてくれるはずです。

最後に聞かれるのは、農業に転職することを家族が了解しているかどうかです。

この人はいけそうだとアドバイザーが思ったのに、家族の反対のために断念した人はたくさんいます。

また家族の了解を得ていても、家族が農業についてどれだけ知っているのか、しつこく聞かれることもあるでしょう。簡単に了解が得られたものの、就農後に家族が農業の持つ表面的なイメージと現実との違いに驚き、ひと悶着《もんちゃく》ではすまない事態が起きることもあるからです。

家族の了解に関して「はい」といえなければ、「家族と十分に話し合ってから再度きてほしい」と言われます。これにはまったく反論のしようがありません。

## ▼一つの地域の就農支援機関に固執する必要はない

こうした話し合いの後、アドバイザーは次にどこにいけばいいのか教えてくれるはずです。紹介してくれる次の訪問先は、何も言わないと就農を希望している地域だけになるでしょう。しかしその地域で就農すべきかどうかもまだわからないのですから、できれば複数の地域の紹介をもらいたいものです。もしそれで拒否されたら引き下がって、直接その地域の就農支援機関に乗りこむといいかもしれません。

たとえば長野県と山梨県の両方に顔を出すようなことは、当然のこととしてやってください。「私の努力を無駄にするのか」と、アドバイザーが気を悪くするなどとは考えなくてよいのです。あなたのために探した農地は、「誰か別の新規就農者の農地探しの手間を省くことになる」というくらいの気持ちでいていいでしょう。たとえ彼らは気を悪くしたとしても、それで失業することはありません。

就農するというのは、人生を賭けた選択です。

納得できる選択肢を見つけるまで選択肢は多いほうがいいのは言うまでもありません。就農支援機関のアドバイザーにも得意な分野や不得意な分野があります。仕事を熱心にやろうとする人もいれば、そうでない人もいるでしょう。

不幸にもアドバイザーにあまりやる気がなく、しかもその人の不得意な分野で就農したいと言ってきた希望者が来た場合、有用なアドバイスがもらえない可能性が高いでしょう。

また、アドバイザーの能力に問題がなくても、この人とはソリが合わないとか、性格的に合わないといったケースもあります。

信頼できない人の助言を聞くのは、あまり気分の良いものではありませんし、疑問を持ちながらの就農はおそらく良い結果をもたらしません。

### ▼助言に従えば必ず就農できるというわけではない

日本全国、どこも就農者がいなくて困っています。にもかかわらず、新規就農支援機関に、就農したいという人から信頼されるタイプの人を配置していないというのは、その都道府県が（本音では）就農者確保に熱心ではないということです。

ただ、アドバイザーに問題がない場合でも就農希望者自身に問題があることもあります。アドバイザーのやることは、就農計画をよりよいものにするとか、こんな制度を使えばいいといった「助言」です。彼らの言うとおりにしたら、必ず就農できるわけではないのです。

彼らの助言を聞いて、たとえば「ここに良さそうな農地があるが、見に行きませんか？」と言われて、見に行くのは良いのです。しかし、その農地を買うとか借りるとか、ここは候補地から外すとか判断するのはアドバイザーではありません。就農希望者である、あなた自身です。

すなわち、就農までの、そして就農してからの意思決定・決断は、すべてあなたがやらなければならないのです。それで失敗したところでアドバイザーは責任をとったりはしません。あくまで助言者なのだから当然のことです。

## 農地の選定——11の評価法とは？

就農支援機関は、経営計画に問題がないとわかると、主に農地中間管理機構（農地バンク）のデータベースを参照して、新規就農者の希望に沿うような農地を探します。農地バンクのデータベースに入っている農地は、周辺に借り手がいない農地です。これまで離農する人の農地を借りてくれた専業農家が規模拡大しようにも、これ以上の規模拡大は難しいと判断して借りてくれないケースが多いようです。

そうやって規模拡大をしてきた専業農家が高齢化して、続けるには規模を縮小したいと思って放出している農地もあるでしょう。

そうした農地の状態は、やはり実地を見ておかないといけません。とはいえ、農業初心者には土地を評価しようにも取っ掛かりがないと難しいでしょう。

土地の評価のため、調べなければならないのは、次にあげる11項目です。こうした情報については、地元の農家やアドバイザーがよく知っています。精いっぱい頭を下げて、聞いて回るべきです。

### ▼項目①土地区分

市街化区域内農地か、市街化調整区域農地か、なかでも農業振興地域かといった区分があります。三大都市圏の指定された地域の市街化区域内農地が候補にあがってくる場合、それが生産緑地の指定を受けているのかどうかに注意してください。

1991年度まで、この地域の農地は長期営農継続農地制度と呼ばれる制度に守られていました。地価の高い地域ですから、ここで宅地並みの固定資産税を農地に課すと営農が困難になります。そのため営農をした実績を積むと、固定資産税を宅地の数十分の一にしてくれたのです。

しかし悪用とまではいいませんが、この制度をそれなりにうまく利用した人たちがいました。地価がまだ一本調子で値上がりしていた時代でしたから、土地はあとになればなるほど高く売れるという判断から、別にやる気もないのに、じっと農業を続けていたのです。

そんな人たちまで保護する必要はないということで、政府は将来の値上がり目的で所有している者からは宅地並みの税金をとってよいと考えを改め、制度が変わりました。値上がり待ちで農地を持っている農家に宅地並み課税を行うことにしたのです。

純粋に農業をしたいという農家の農地は、生産緑地の指定を申請すれば、これまでどおりの恩恵を受けます。

宅地並み課税を農地所有者が選択している場合、この農地はいつでも宅地に変えられます。そのためこの農地を買う場合は、宅地並みの高い買い物になります。借りる場合は、所有者がいつ宅地にすると言い出すかわからないので避けるべきです。もっとも出物もほとんどないでしょう。

生産緑地の場合は、宅地など他目的への転用は厳しく制限されます。最低でも30年は営農を続けるか、耕作者死亡などの不慮の事故などがないかぎりは、所有者が宅地転用しようとすると、それまで猶予扱いになっていた宅地並みの固定資産税を払わなければなりません。やむをえない理由で営農が困難になり、農業継続の意思のある人に売るなり貸すなりするのは、法律の目的に合致しています。ですから、生産緑地指定を受けている農地をターゲットにしてください。

大都市の不動産業界で〝２０２２問題〟に関心が集まっています。

１９９２年に施行された生産緑地法によって生産緑地ができたのですが、このとき生産緑地として申請された大都市や周辺の農地が30年の期限を迎えるのが２０２２年です。後継者がいない農家は、このタイミングで農地を市街化区域にすると見られているため、マンションなどを造りたい不動産業者の熱い視線を浴びているわけです。

大都市で農業をしようとすれば、農地の所有者が２０２２年以降も生産緑地の指定を受ける農地でやるべきですが、30年の営農が義務づけられているため新規就農者が借りるのは困難なことが多いと思われます。とはいえ、２０１９年には、生産緑地を借りた新規就農者が初めて出て話題になりました。

市街化調整区域や農業振興地域と呼ばれている地区の農地は、農業目的以外の転用は基本的に認められないので、安心して農業ができます。農業振興地域のほうが、将来を考えると有利でしょう。農政の趨勢《すうせい》を見ると、政府や都道府県が農業振興地域のほうに優先して経営資源を投入すると思われるからです。

### ▼項目②面積

農家として認められるには、その地域の農業委員会およびＪＡの基準で、農家の要件を満たせるだけの面積の農地を買うか借りる必要があります。

市町村によって違いがありますが、一般に最低50アール以上必要とされます。北海道では最低2ヘクタールは必要です。しかし面積当たりの収益が高い作物を作る場合、これより少ない面積でもよいとされることもあります。

### ▼項目③立地

マクロな気候風土と、ミクロの立地環境の両方を見る必要があります。

冬は雪が降るのか、雨が多いのか少ないのか、季節によって霧が出る地域かどうか、春夏秋冬の平均気温はどのくらいかなど、すべてコストとリスクに影響してきます。できれば春夏秋冬それぞれの時期に農地に赴き、肌で体験するようにしてください。

とくにビニールハウスによる施設栽培を考えている人は、風が通りやすいところはできるだけ避けましょう。構造的に弱いビニールハウスは、大型台風の直撃にあったら全壊することがあります。

もちろん農家は対策を考えていますが、何も考えずに選んだ土地でビニールハウスを建てて、台風時に数百万円の投資をドブに捨てることになった新規就農者もいないわけではありません。もっとも、地域全体の被害が大きい場合は、行政から再建築の助成金が出ることもよくあります。

### ▼項目④集約度

露地にせよ施設にせよ、農地はまとまっているほど有利です。移動の時間が少なくてすむからです。作物の生長を監視するだけといった場合でも、一度に見られるので面倒がありません。移動時間を軽視しないでください。農機は軽トラックを除いて自動車よりもはるかに速度が遅いのです。

作物の生育具合を見にいくだけの場合でも、田畑が分散していると、就農当初は気にならなくてもだんだん億劫《おっくう》になってきます。ちょっとさぼりたくなるものです。そしてなぜかそういうときに限って悪いことが起きます。

新規就農時には難しいことが多いのですが、極力、農地のそばの家に住むようにしたいものです。

### ▼項目⑤水利

農業に水は欠かせません。とくにコメを栽培する場合は、大量の水を必要とします。水が低コストで容易に手に入るかどうかは大きなポイントです。

水は自分勝手に使うことができません。水をとる権利（水利権）を所有している水利組合（個人の場合もある）の許可を得た人でなければ、たとえ川の水でも使ってはいけないのです。そのため水の価格もチェックする必要があります。

水耕栽培を行う予定の人は、水質にも注意が必要でしょう。水耕栽培は土を使わないため、土壌の緩衝能《かんしょうのう》（土壌の病原菌の繁殖や土質のＰＨの反応が緩やかになること）を期待できません。水質が悪かったり、病原菌が含まれていたりすると、ほかの栽培法とは比べものにならない速さで病気が蔓延《まんえん》します。

作物がいつ調子を崩すか気が気でないと、水耕栽培を始めた最初の2年間はハウスに蒲団を持ち込み、風呂とトイレ以外はこもりっきりだったという人もいるくらいです。施設を建てて水耕栽培を始めたのはよいが、水質が悪くてどうにもならなかったという話もあります。こんなことになったら目もあてられません。

### ▼項目⑥土質

砂質か粘土質か、沖積土か火山灰土かなどを調べ、作る作物と相性がよいかどうかをチェックしておくべきですが、実際はあまり気にしなくてもよいでしょう。

作物から地域を絞っていたり、地域でできる作物を選んでいるなら、たいていは適地のはずです。

それより気にしなければならないのは、個別の田畑ごとの質です。農地の土質は一面がすべて同じだとは思わないでください。同じ農地でも、北側は作物がよく育ち、南側は育たないようなことがよくあります。このあたりの事情は、農地をそれまで使ってきた人に聞いてください。

とくに気をつけなければならないのは排水です。

排水が悪いと、畑作物のできが悪くなるうえ、機械が泥に沈み込んで動かなくなることがあります。

できれば大雨の降った日の翌日に水田用の専用長靴を履き、ここが柔らかいと教えてもらったところでぴょんと飛び上がってください。落下したときに長靴が半分以上埋まったら、そこで機械を使うときはかなり気をつける必要があります。

たとえばある程度の期間、晴天が続かないとトラクターを入れないとか、コンバインを入れる数日前に排水路を掘って水抜きをしておくなどの対策が必要です。

排水が極端に悪い場所なら、トラクターや稲作のためのコンバインは湿田仕様が必須となります。

### ▼項目⑦通路幅

現代の農地は、たいてい圃場《ほじょう》整備と呼ばれる土地の改造が行われています。昔は平地でも形の悪い田畑がたくさんあるのが普通でした。場所によって田畑に良し悪しがあったのです。環境もさまざまで、場所によっては雨が降ったら腰まで浸かるような水田もありました。

今はそこまで悪条件の田畑はまずありません。よほど山奥にでも入らないかぎり、機械の入りやすい長方形状に整備された田畑が主流となっています。

ただ早くから圃場整備が行われたような場所では、通路幅が今の農機を使うには狭いことがあります。昔、最も大型の農機が旧規格の軽トラックだったころには、その通路幅で十分だったのです。

今では大型コンバインを運ぶ4トントラックも通路を通ります。農機を出し入れする通路の幅が狭いと、大型農機を田畑に投入しにくくなります。

### ▼項目⑧進入路の傾斜

圃場整備された場所はまず大丈夫ですが、そうでない場所では傾斜がきつすぎて、上ろうとするとごく稀に大型機械の端が地面に接触して入れないことがあります。あまりに傾斜がきつそうだったら、投入を想定する農機が進入できるか、タイヤと機械の端とを結ぶ角度をおおよそ測っておき、農機店で確認してください。

ただ農機のほうも、よほどのところでなければ、こうしたトラブルが起きないように設計はしてあります。かなりの大型機でも、相当きつい傾斜を上り下りできます。ただし出し入れは慎重に行い、安全に気を使うことです。

農業機械を使っていて最も危険なのは、機械を車から上げ下ろししたり、田畑に出入りするときです。傾斜がある場所では農機の重心を傾斜の上のほうに配置できるように出入りをしないと、農機がひっくり返ることが多いのです。農機は後ろが重いことが多いので、たいてい前進で下りていき、バックで上ります。

とはいえ、良い農地なので、通路の傾斜がひどくても欲しいといった場合は、多少農地が狭くなりますが、土を盛って傾斜を緩くすることもできます。

### ▼項目⑨周囲の雇用環境

自己資金が比較的潤沢《じゅんたく》で、自分の能力以上の規模の農業ができる場合は、繁忙期にアルバイトを雇って規模を拡大する方法があります。

しかしこの方法は、アルバイトをする人が周囲にいるのかどうか、十分な時給が払えるかどうかを考慮する必要があります。

日本は人手不足に陥っています。最低賃金で簡単にアルバイトを雇えると思っているようなら、認識が甘いと言わざるをえません。

外国人労働者を雇うにしても、待遇が悪ければ夜逃げされます。

農業は地域の気候風土に制約を受ける立地産業ですから、忙しい時期はどの農家も忙しいことが多いものです。そのため雇用できるのは、農業の素人になることが少なくありません。

都市近郊では、農業体験をしたいと考える人が多く、多少時給が安くとも喜んでアルバイトに来てくれることもあるようですが、それでも法律上、最低時給が上がっていますので、時給1000円でも来てくれるのかわかりません。

単に金を稼ぐためのアルバイト労働者は時給に敏感です。彼らが満足できる時給が払えなければ、アルバイトは雇えません。

### ▼項目⑩現役地か放棄地か

今も現役で使用されている田畑の場合はあまり気にしなくてもかまいませんが、もし畑作物をやるつもりで雑草ボウボウの放棄田のようなところを取得する場合は、1年間は捨てるつもりで覚悟してください。生えている草や灌木《かんぼく》を切り倒し、燃やしたところで、雑草の種がたくさん落ちているので、除草剤を使ってもなかなか草を抑えられないことが多いからです。

こうした場合は、田畑転換の理論どおり、雑草の生育環境を激変させて雑草の密度を減らすのが効果的です。

一度、水田にするか、稲を植えなくても常時水を張ったままにして何も作らない状態を維持して雑草を減らさないと、雑草との闘いに難儀します。果樹や畜産の場合も、樹木や設備の手入れができていないと、使えるようになるまでに大量の手間と金を浪費してしまいます。買うにせよ借りるにせよ、そうしたコストも勘案しておくべきです。

### ▼項目⑪周囲の農家の年齢

日本は高齢化が問題になっています。農家も多くが高齢化しています。

しかしなかには、若くてバリバリやる農家もいます。そうした農家と仲良くするのはいいのですが、あまりに近いところにいると、将来規模拡大をしようとするとき、困ったことになるかもしれません。

というのも、先に述べたように農家の規模拡大は、辞めていく農家の農地を引き受けているうちに大きくなることが多いのです。そうした辞めていく農家は、周囲にいる若くてやる気のある農家に農地を貸すのが通例ですが、新参者の新規就農者が農地を取得して入ったものの、周囲の農地はほとんどその先輩農家が耕しているといった場合、規模拡大が難しくなるからです。この場合、絶対に規模拡大ができないわけではありませんが、拡大する農地は家から離れた場所になりやすいので面倒です。

農地バンクが作られた趣旨のひとつは、これまで各農家が分散して持っていた農地をひとつの場所に集約し、それぞれの農家が自分の近くのエリアの農地を耕すようにして移動の手間を減らすことにあります。ですから、周囲がみんな先輩農家のエリアだったら自分が家から離れた土地を使わなければならなくなるのは当然のことです。

周囲にバリバリやる農家がいるのは、後輩農家として心強いのですが、そんなデメリットもあるのです。

そのため、そういった農家がいる地域なら、そんな先輩農家がいるところから少し離れた場所を選びましょう。

もっとも離れるといっても、せいぜい数百メートルで事足りることが多いです。

逆に、その先輩農家が高齢なら、何年かすると「自分の農地の面倒を見てくれないか」と言われることになるでしょうから、すぐ近くに住んでもいいかもしれません。

## 住宅の取得

新規就農で一番難しいのは、農地と家の確保なのはよく知られています。以前と比べて、農地の取得は相当容易になりました。住宅も容易になりつつありますが、住宅は農地ほど容易ではありません。なぜ農地よりも住宅の取得が難しいのかというと、住人がいなくなると取り壊されることが多くなってきたからです。

昭和の時代には、農家が亡くなって住人がいなくなっても、たいていの家は維持されていました。都会に出ていった息子や娘たちが仏壇を置いていて、墓参りの時の基地にしていたのです。そして、お盆やお彼岸の時にだけ使われました。

そのため、田舎では人が住んでいない家がたくさんあるのに、住宅を確保するのが困難という状態だったわけです。

しかしそうした習慣を持っていた人たちが亡くなったりすると、彼らの子どもの世代の人たちはさっさと地域と縁を切るようになりました。田舎で生まれ育った親の世代には田舎はふるさとでも、孫の世代では親と一緒に生活していた都会がふるさとなのです。

田舎の家を売ったり、取り壊しする「家じまい」や、田舎にある先祖の墓を処分し、自分の住所の近くに移転する「墓じまい」が行われるようになりました。すなわち、農地は取り壊せないので残るのですが、持っていると老朽化するうえに固定資産税がかかる家はさっさと潰して地域と縁切りするわけです。

### ▼ぼったくりのようなケースもある

とはいえ、多少目端が聞く人は田舎暮らしをしたい都会人がいることを知っていますから、できれば高く売ったり、家賃をくれる借り手が現れないかと思って残します。不動産会社で探すと、農地と家がセットになって売られていることもあります。私は不動産には無関心で、土地や家の価格の相場などまったくわかりませんが、そんな私でも「これは、ぼったくりだろう」と思えるケースも少なからず見かけます。

築20年の一戸建てなど、資産価値はゼロです。しかも、長年人が住んでいなかった家など傷みも早いことくらい私でも知っています。そのうえ田舎の宅地の土地代など知れたものなのに、けっこうな高値をつけます。都会基準からすると、それでも安く見えるようで、それなりに買い手もつくようです。

更地に家を建てようとすると、都会ほどではないにせよ、それなりにお金はかかります。ましてや農業をする場合、農機具を保管する倉庫や作業場も必要です。家に加えて倉庫や作業場まで新築すれば、それだけで2000万円は超えるでしょう。そのため、家や倉庫は当初は借りる方向でいくのがよいと思われます。というのは、当初から家のすぐそばに農地が確保できることは少ないからです。幸い農地のそばに家が取得できる幸運なケースを除き、多くの場合は農地まで「通勤」することが多くなるはずです。いずれ農地の近くでよいところが出るまで、仮住まいにしておいたほうがいいことが多いわけです。

また、多くの新規就農者はお金がないのですし、もし就農に失敗した場合も出て行けばいいだけです。買ってしまうと、出て行くのも難しくなります。

### ▼適正価格を知る手がかりは固定資産税額

買う場合は、どうすればいいでしょうか？　お金がある人は新築すればいいのですが、たいていは中古を求めることになると思います。

まず、田舎暮らし向けと称して家だけが単独で売り出されている場合、近くにあったはずの農地は別の人が借りていることがよくあります。田舎に住んでいた親が亡くなる前は、体力が衰えて農業ができなくなっていて、農地だけ先に近くの農家に貸し出しているので、農地なしの家になります。そんなケースが多いので、当初は農地の前に家を取得するのは難しいことがよくあるでしょう。もっとも、農地と家、倉庫がセットになって売られていたりすることもあります。もしあった場合、自分のやりたい農業に合うものかどうかの判断が必要です。家と倉庫と農地のセットは、元兼業農家の所有だったり、専業農家でも良い農地（広くて排水の良い機械が入りやすい農地）は周囲の別の専業農家が借りており、専業農家が借りてくれない農地が家とセットにされていることもよくありますから注意が必要です。

条件に合うとわかったら、欲しくても不動産屋でいくらだったら買うと言っておいて、そこまで値段が下がるまで待つべきです。不動産屋は、この人は買うかもしれないと思うと「別に買いたいという人がこられたのですが、この方に売っていいですか?」などと言って買わせようとしますが、たいがいはウソです。「だったら、その方に売って差し上げてください」と言いましょう。もしホントにそんな人がいて買われてしまったら、縁がなかったと思ってあきらめることです。

不動産屋としては、できるだけ早くカネにしたいので、買ってくれそうな人が来て、あまり興味なさそうだと、売り手に「この値段では無理ですから、値引きしませんか?」と交渉しているものだからです。出てくる家は、たいがいが築20年以上の、資産価値ゼロで取り壊しをするとカネがかかる分、マイナス評価だと思って交渉することです。

買うにせよ、借りるにせよ、いくらが適正価格なのか知るには、農地や土地建物の固定資産税を調べてください。農地や家屋のオーナーは固定資産税を払っています。自分で使うことはないのに固定資産税だけはずっと払わないといけないので、誰かに貸したり、売ったりしたいわけです。購入を検討していると伝えることで、いくら払っているのかを聞き出してみましょう。ベストなのは、固定資産税課税証明書を見せてもらうことです。

借りるなら、固定資産税の年間支払額を基準にして、オーナーに多少利益が出るくらいが適正価格でしょう。

買うなら築20年以上の家の価値はゼロで土地代だけを基準にして、周辺の住宅地の価格を調べつつ適正価格を判断してください。

## 地域事情を把握する

就農しようとする地域に想像を絶する慣習が残っていたとしても、それを事前に知るのは困難です。

一番良いのは、その地に住んでいる、社会的な一般常識をわきまえた人から「ここ独特の慣習はありますか？」と聞くことですが、そんな人でも見ず知らずの人には、本当のところは話してはくれません。

また、そんな環境で育っていると、実は異常な慣習なのだとはわからない人もけっこういたりするので、実態を知っていても問題ないと思い込んでいることもあります。

ではどうすればいいのか。必ずできるとは言いませんし、それでも難しいことも多いのですが、新規就農支援機関で伝手を使わせてもらいましょう。

農業関係の役所やＪＡ、そして地方自治体の農業部門などは、それぞれ独立した組織ですが、同じ地域の農業を扱う仕事なので、交流もそれなりにあります。就農候補地が決まったら、「できればその地区で実際に暮らしている人の話を聞きたい」と言って、誰か紹介してもらうのです。紹介してほしいのは、自分の住む地域を客観的に見られる人です。外部から入ってきた人とか、一度地域の外に出て働いた経験がある人とか、そんな人を選んでもらい紹介してもらうことになるでしょう。

とはいえ、そういう人たちでも、地域での生活に慣れてしまって、「よいところですか？」と聞かれても答えようがありません。「まぁ、そう悪いところじゃないよ」と言うくらいがせいぜいでしょう。聞くほうが質問を工夫しないと聞きたい実態はなかなか聞きだせないでしょう。

## ▼〝鶴の一声〟がある地域は避けたほうが無難である

ではどういう質問をすればいいのか？　地域で高齢者の発言がどれほど重視されるのかを聞くと良いでしょう。

都会でもそうですが、嫌な職場や自治会の環境を作っているのは、たいていが年寄りです。年寄りは敬えといって育てられてきた世代で、自分の言うことが年下に聞いてもらえないとへそを曲げてしまうわけです。

感情的に反発するので、いったん怒らせると、もう手が付けられない。そんな人は、当然農村でも問題になっています。考えられないトラブルを起こすのも、たいていはこういう人です（たまに中年や若い人もいますが）。

農村でも基本は民主的に運営されているわけですが、それゆえ、こうした人たちにも人権と発言権があります。そのため無視するわけにもいかないのです。

若い人が自治会で主導権をとっていて、年寄りの言うことでもよく否決されるといった雰囲気の集落はおそらく大丈夫です。しかし、集落の人が話し合って、こうしようと決まりつつあったことを年寄りがひっくり返すことがよくあるという地域は避けたほうがいいかもしれません。念のため言っておくと、農村の慣習は一瞬で変わることもよくあります。農村に限らず、日本の社会は対立を好みません。そのため物事は〝なあなあ〟で収めようとすることが多いわけです。決まりかけたことをひっくり返すような人は、そうした環境に甘えているだけの場合も多いのです。そのため、若い誰かがケンカになる覚悟で本気になって怒ったりすると、以後黙り込んでしまい、おとなしくなることもよくあるのです。また、年寄りは老い先短い人たちなので、たいていは短期間でいなくなります。それも考慮しておいたほうが良いでしょう。しばらく我慢すれば問題にならなくなることもあるのです。

## 本格的に経営計画を立てる

候補地が決まったら、本格的な就農計画を立てることにしましょう。ここまで来ると、計画は就農地の農業改良普及センターとの共同作業になります。農業改良普及センターは、地元のデータについてかなりくわしいものを持っています。

そのため、第2章よりも詳細な計画を立てることになります。トラクターを買うなら20馬力が良いのか、30馬力が良いのかなど、わからないことは、アドバイザーに聞いてください。

最初に、作物別の栽培計画を立てます。地域に合った作型表と労働時間を書き込みます。やり方はすでに説明しました。

そこで作った栽培計画書の数字が、別の地域のものだったりしても、この段階まで来るとインターネットには公開されていない地元のデータが入手できるので、書き換えることになるでしょう。作型の変更や、地域の装備水準によって修正することもあるでしょう。たとえばミカンの選果場がある地域ならミカンを収穫した後の選果作業は必要ないでしょうし、ソバの収穫用コンバインをJAが貸してくれるのなら、ソバ栽培用にコンバインを買わなくて済むわけです。農薬散布も近くに業者がいて、頼んでやることになるなら、農薬散布の機械も必要ありません。

逆にそれなりの装備を持っていないところでは、労働時間が予想以上にかかるかもしれません。また新しい機械や技術などが開発・導入されて、労働時間が短くなっていることもあるかもしれません。

もちろん、第2章で挙げたカモミールなど、地元にもデータがないこともあるでしょうが、そんな場合はアドバイザーと話し合って、でっちあげのデータのままでいくか、多少の修正を入れるか検討していくことになるでしょう。

あるいは市場や地域の事情によって、当初作りたかった産物を作ることが不利になり、新しい産物を作ったほうが収益上有利になることもあります。とくに気をつけてほしいのは、就農予定の地域で特産地の指定を受けている産物があるかどうかです。

政府は特定の作物を多く出荷する指定産地に価格保証制度（指定野菜価格安定対策事業など）を適用しています。こうした適用を受けると、供給過剰などで価格が下落したとき、最低取引価格に達する分まで売上を補填《ほてん》してくれるのです。言い換えれば、そうした作物を作れば、儲からないとはいえ最低販売価格は保証されているのです。

なおこの指定は、地域の特定産物の供給量が多ければ適用を受けることができ、少なくなれば取り消されます。もし地域の特産品をやるなら、そのあたりの事情を勘案しておきましょう。

### ▼より本格的な経営計画を立てる

先に立てた経営計画どおり、群馬県で適当な農地が見つかったとして考えます。

そこで、群馬県のデータを使って、もう少し詳細に詰めていきます。

作物別収支計画は、固定費を除いて地域のデータをそのまま使って大丈夫です。ただしここまで絞ったからには、単に地域のデータをそのまま使うだけでは不十分です。

粗収益（売上高）の設定は、アドバイザーとの話し合いの結果にもよりますが、1年目は想定の7割、2年目は9割、3年目は10割くらいにしておきます。もっと低い設定をすべきだと言われることもあるでしょうが、そういう設定をするくらいなら、就農そのものをあきらめたほうがよいでしょう。

自分ならもっとうまくやってやると思い、何をどう工夫するかを考えるくらいでなければ成功はおぼつかないといえます。かといって1年目から想定どおりになると考えるのも、自然を舐め

## 本格的経営計画（損益計算書）

| | 項目 | 1年目 | 2年目 | 3年目 | メモ |
|---|---|---|---|---|---|
| 収入 | トマト | 7,399,000 | 9,513,000 | 10,570,000 | 規模は20アールで計算 |
| | キャベツ | 245,000 | 315,000 | 350,000 | 規模は10アールで計算 |
| | コンニャク | 0 | 0 | 504,000 | 規模は10アールで計算 |
| 合計 | | 7,644,000 | 9,828,000 | 11,424,000 | |

| | 項目 | 1年目 | 2年目 | 3年目 | メモ |
|---|---|---|---|---|---|
| 支出 | 種苗費 | 409,649 | 405,280 | 405,280 | トマト購入苗3000本393,940円＋キャベツ苗11,340円＋コンニャク4,369円。コンニャクは翌年不要 |
| | 肥料費 | 268,114 | 268,114 | 268,114 | トマト218,782円＋キャベツ24,145円＋コンニャク25,187円 |
| | 農具費 | 50,000 | 50,000 | 50,000 | 概算（適当で問題ない） |
| | 農薬衛生費 | 298,187 | 298,187 | 298,187 | トマト215,564円＋キャベツ23,123円＋コンニャク59,500円 |
| | 諸材料費 | 30,000 | 30,000 | 30,000 | 概算（適当で問題ない） |
| | 修繕費 | 100,000 | 100,000 | 100,000 | 概算（適当で問題ない） |
| | 動力光熱費 | 987,627 | 987,627 | 987,627 | トマト973,512円＋キャベツ7,232円＋コンニャク6,883円。トマトが高額なので計算しているが暖房が不要なら数万円で十分 |
| | 農業共済金 | 20,014 | 20,014 | 20,014 | トマト18,814円＋コンニャク1,200円。キャベツは共済に入らない設定 |
| | 減価償却費 | 2,452,577 | 2,452,577 | 2,452,577 | 減価償却表参照 |
| | 雇人費 | 0 | 0 | 0 | 人を雇わないなら不要 |
| | 荷運手数料 | 1,861,805 | 1,861,805 | 1,861,805 | トマト1,821,240円＋コンニャク40,565円。キャベツは量が少ないので直売所に並べる |
| | 地代賃借料 | 50,000 | 50,000 | 50,000 | 地主と相談 |
| | 土地改良費 | | | | 土壌改良資材の購入など必要なら計上する |
| | 雑費 | 30,000 | 30,000 | 30,000 | 概算（適当で問題ない） |
| 合計 | | 6,557,973 | 6,553,604 | 6,553,604 | |

| | | | | | |
|---|---|---|---|---|---|
| 農業所得 | | 1,086,027 | 3,274,396 | 4,870,396 | |

**Check Point**

1年目想定収量7割、2年目9割、3年目10割で設定した。想定収量どおりとすると、収量に応じて増えるトマトの荷運手数料は1年目3割減、2年目1割減になるので実際はもう少し所得は多くなるています。

そうしたバランスを考えて、私はこの程度の設定を推奨しますが、アドバイザーがこうしたほうが良いと言うなら、アドバイザーの言うことに従ってください。もちろん、実際は、1年目から十分な収量を上げられるよう目指します。

3年目以降の設定もすることになるなら、10割設定のままいくようにしてください。4年目、5年目にも収益が向上する設定にするなら、それ相応の理由を考えましょう。

たとえば秀品率（高く取引される規格の商品が出る割合）を地域の平均より高くするつもりだからとか、3年間は作りやすい品種を作り、4年目には多少作りにくいとされているが10アール当たりの収量がもっと上がる品種の導入に挑戦するとか、いろいろ理由はつけられます。そして実際にそうなった場合はどうなるのか大ざっぱな計算をして、誰にも遠慮せず実際にやってみるのが農業の醍醐味《だいごみ》です。

作った経営計画書は、各都道府県の様式に従った提出書類に各項目を転記して役所に提出します。これまでに作った経営計画書は、役所が求める以上の精度で作っていますから、すべての必要項目を埋められます。そのうえアドバイザーのお墨付きを得ていますから、まず役所から認可が下りないことはありません。

したがって、役所に経営計画書を提出した瞬間、あなたは農家になります。

## 就農当初の借金は、こうやって消す

ここで、ハウスやトラクターなどの取得価額（投資額）を見て、絶望的な気分になる方がいるかもしれません。投資する総額は2450万円を超えます。「投資用に1000万円用意したけれども、とうてい足りない。1000万円用意していても1450万の借金をしなくてはならない。この試算だと所得は500万円程度なのに1500万円近い借金を返すなんて無理だ」と、そんなことを思われるでしょう。

ところが、そうではないのです。実際は、ここで計算している「農業所得」よりも、多くの収入が入ってくるからです。その所得とは、損益計算書の減価償却費の項目に入っています。

たとえば、農業所得500万円で減価償却費200万円となっていると、実際の所得は700万円あります。しかも、その200万円は税金がかかりません。

どういうことか?

減価償却とは、トラクターやハウスなど機械や設備を買ったときに、経費を何年かかけて計上する（差し引く）会計上のしくみのことをいいます。たとえば、200万円のトラクターを買ったとしましょう。トラクターは1年で使い物にならなくなるような機械ではありません。最低で

## 減価償却表（装備表）

建物・装備

| 作物 | 名称 | 構造・規格 | 取得価額 | 耐用年数 | 減価償却額 |
|---|---|---|---|---|---|
| 共通 | 農作業場 | 100㎡ | 6,000,000 円 | 24 年 | 250,000 円 |
| トマト | 大型連棟ハウス | 1000㎡× 2 | 10,900,000 円 | 10 年 | 1,090,000 円 |
| トマト | 貯油タンク、防油堤 | 1.8k | 700,000 円 | 17 年 | 41,176 円 |
| キャベツ露地 | パイプハウス | 200㎡ | 484,000 円 | 10 年 | 48,400 円 |

農機具

| 作物 | 名称 | 構造・規格 | 取得価額 | 耐用年数 | 減価償却額 |
|---|---|---|---|---|---|
| 共通 | トラクター | 20ps | 1,969,000 円 | 7 年 | 281,286 円 |
| 共通 | 暖房機 | 400 坪用× 2 | 2,180,000 円 | 7 年 | 311,429 円 |
| 共通 | 動力噴霧器 | 30L ／分 | 245,000 円 | 7 年 | 35,000 円 |
| 共通 | 管理機 | 7ps | 281,000 円 | 7 年 | 40,143 円 |
| 共通 | ロータリー | 1.5m | 463,000 円 | 7 年 | 66,143 円 |
| トマト | かん水ポンプ | 2.7k | 420,000 円 | 7 年 | 60,000 円 |
| 共通 | 軽トラック | | 916,000 円 | 4 年 | 229,000 円 |

| | | | |
|---|---|---|---|
| 総額 | 24,558,000 円 | | 2,452,577 円 |

**Check Point**

投資総額は約 2500 万円。3 年目に想定収量 100% で以後同収入で設定した。2500 万円の投資はすませてあるため、減価償却分のお金が農業所得に加わる。1 年目の農業所得が 109 万円しかなくても、減価償却が 245 万円あるため実際の収入は 350 万円を超える。3 年目の想定収量 100% なら 730 万円以上の収入がある。

軽トラックなど、ひとつの減価償却が終わると、減価償却で引く金額は減るが、その分実際の農業所得が増える。5 年目で農業所得が上がっているのは、軽トラックの償却が終わったので、軽トラックの償却で引いていた 22 万 9000 円がここに加わるからである。8 年目に農業所得が増える理由も同じ。減価償却費の分を 200 万返済に回せば、金利ゼロと想定して 7 年目で 1400 万の返済は終わる。2500 万円借金していても、10 年で 2000 万円は返済できるも10年、ちゃんと整備すれば30~40年も使える機械なのです。そうした機械を買った費用を1年目で全額計上するのは、経営を見るうえで不適切なので、何年にも分けて「トラクター代」を差し引いていくのです。しかし、すでにトラクターを買うのに200万円を使っていますから、その費用を計上しても、計上した分の金額は手元に残っています。すなわち、書類上の年間農業所得以外に、減価償却分の現金が手元にあるのです。

そのため、実際の収入は700万円以上ありますが、農業所得としては500万円程度で申告することになります。それで税務署は何も文句は言いません。法律でそうすることが決められているからです。

### ▼減価償却を使って無駄な税金を削減する

減価償却は、買うものによって償却に何年使うかが法律で決められています。トラクターは7年なので、7年かけて費用を償却していくのです。

計算式は一般に定額法と定率法が使われます。定額法とは、毎年同額を計上していくやり方で、トラクター代200万円で償却期間7年なら200万円を7等分した金額を7年間均等に計上します。

200万円を7年だと200万円÷7で約28万円を費用として引いていくわけです。

8年目には1円だけ残しておきます。これはトラクターを廃棄する時に帳簿上から消すためです。すなわち8年目以降は引く減価償却費はゼロになります。

## 10年目までの実際の収入

| | 農業所得 | 減価償却費 | 実際の農業所得 | メモ |
|---|---|---|---|---|
| 1年目 | 1,086,027円 | 2,452,577円 | 3,538,604円 | |
| 2年目 | 3,274,396円 | 2,452,577円 | 5,726,973円 | |
| 3年目 | 4,870,396円 | 2,452,577円 | 7,322,973円 | |
| 4年目 | 4,870,396円 | 2,452,577円 | 7,322,973円 | 軽トラックの減価償却終了 |
| 5年目 | 5,099,396円 | 2,223,577円 | 7,322,973円 | |
| 6年目 | 5,099,396円 | 2,223,577円 | 7,322,973円 | |
| 7年目 | 5,099,396円 | 2,223,577円 | 7,322,973円 | 軽トラック以外の農機具の償却終了 |
| 8年目 | 5,893,397円 | 1,429,576円 | 7,322,973円 | |
| 9年目 | 5,893,397円 | 1,429,576円 | 7,322,973円 | |
| 10年目 | 5,893,397円 | 1,429,576円 | 7,322,973円 | パイプハウスの償却終了 |
| 合計 | 47,079,594円 | 20,769,767円 | 67,849,361円 | |

**Check Point**

規模に応じて必要な装備や農機具を選んだ。トマトの装備はほぼ必要。トラックは、この規模なら1トン、2トントラックは要らない。

キャベツに書いてあるブロードキャスターは、肥料などを散布る機械だが、1反程度の面積なら手でまいてもたいした手間はかからないので買わない。

コンニャクもモデルにあるように3ヘクタールもあればそれなりの装備は必要になるだろうが、1反程度の面積なら不要と見ている今回の試算の場合は最初の4年間は年間245万円、減価償却として農業所得以外に収入があるわけですから、このお金を返済に回せば、農業所得は500万円を取っていけるのです。

ということは、仮に2500万円の借金をして機械設備を買っても、年間200万円ずつ返済していけば、農業所得500万円を維持したまま、やっていけることになります。ひとつの農機具や設備の償却期間が終わると、減価償却する金額がなくなるので、その分が所得に加わりますが、その増えた農業所得分も返済に回せば、10年で2000万円を返済できるわけです。

1000万円の資金を用意していたなら、借入額は1500万円ですから、7年半で全額返済できることになります。金利がかかることを想定すれば、実際の返済期間は8年といったところでしょうか。全額返済したあとに残る減価償却分は、まるまる自分の収入です。

いずれにしても書類上の農業所得をほぼ維持したままで、借金の返済は可能だということです。ちなみにこうした借り入れは、後述する制度資金と呼ばれる融資を使うことが多いと思いますが、無金利だったり据置期間といって、返済しなくて良い期間があることもよくあります。たとえば無金利で据置期間2年なら、金利が取られないうえに最初の2年間は返済しなくてもよいのです。その間に減価償却で出てきたお金を貯めておけば、十分に余裕のある返済ができるでしょう。

減価償却の方法として、定額法の他に、定率法と呼ばれるものもあります。定率法は最初にたくさんの費用を引き、年が経つごとに引く費用が少なくなっていく方法です。

定率法は機械の進歩が早かったりして早く機械設備を交換しないといけないような業種の会社

がよく使いますが、新規就農の場合は定額法のほうが有利です。就農直後は所得が少ないことが多いので、定率法だと書類上赤字になりやすいうえに、収入が向上したころには償却額が減っているので書類上の農業所得が大きくなって余計に税金を払わなければならなくなるからです。

## 投資額を少なくする方法

ここでの設定は、あくまで自己資金を使って使う設備や機械は、新品を想定しています。お金がない人は、極力投資額を減らす必要があります。そんな場合は、設備を借りたり、中古を購入したりして投資額を減らすこともできます。

辞めていく農家がハウスや倉庫を持っていたりするなら、そのまま借りたら建設費用はかかりません。もっとも家賃がかかるでしょうが、数百万、あるいは1000万円を超える投資は要らなくなります。

### ▼中古品を購入するときにやるべきこと／やってはいけないこと

中古農機の購入も投資額を抑える有力な選択肢のひとつですが、パソコンを中古で買う感覚で買うのはやめてください。

なぜなら農機は、前に使った人の使い方によって良し悪しの差が相当に出るからです。まずチェックすべきは駆動装置（エンジン）の状態です。友人や知人に車検業者がいたら、一度、乗用車のエンジンオイルの交換をきちんとやっていない人がどれくらいいるか聞いてみてください。たぶん、呆れるくらい「たくさんいる」と答えるはずです。

現代の乗用車に使われるエンジンは、かなり堅牢《けんろう》にできています。

オイル交換をしなくても5万キロや6万キロは走ります。そのためオイル交換は車検のときにすればよいと考えていたり、業者がやっているからオイル交換の必要性そのものを知らない人が多いのです。同じ5万キロを走った車でも、オイル交換をマメにしていた車としていない車では、エンジンの劣化度合に雲泥《うんでい》の差があります。

農機においても、オイル交換を軽視する人が少なくありません。とくに価格の高い大型機に使われているディーゼルエンジンは、オイルに関してシビアです。前のオーナーがろくにオイル交換していないようなら、燃費は悪いし、排ガスは真っ黒、オイルを入れてもすぐに減ってしまいます。

エンジンの状態を見るには、一度エンジンをかけて、レッドゾーン寸前まで回してみましょう。ガソリンエンジンの場合、夏は煙がなく、冬は白煙がしばらく出ても、エンジンが温まってきたら煙が出なくなれば大丈夫です。ディーゼルエンジンの場合は、起動時や吹かした一瞬に黒煙が出るくらいなら大丈夫ですが、常時黒煙が出るものを買ってはいけません。

もっとも、中古農機を売る業者もプロですから、良い機械は高い値段をつける反面、良くないものは安く売っていますから、業者に「なぜこれが100万円で、あれが200万円なのか？」などと質問して、業者の説明を聞いたうえで買うかどうか決めると良いでしょう。

電気駆動する機械は、何も考えることはありません。焼きついてモーターが動かなくなってさえいなければ問題はありません。

## ▼複雑な構造の農機は新品かそれに近いものが好ましい

もうひとつ、農機を買うときに注意しなければならないことがあります。農機には単純な構造を持つものと、複雑な構造を持つものがあります。単純な構造の代表例はトラクターです。トラクターは乱暴にいえば、エンジン、変速機、ＰＴＯと呼ばれる動力伝達機構に走行装置（要するにタイヤやハンドル）がついているだけの機械です。エンジンオイルとギヤオイルさえきちんと交換していれば、ほとんど故障しません（後ろについているロータリーの爪は消耗品）。

これに対してコンバインや田植え機は、かなり複雑な機構を持っています。それでも田植え機は一般に泥のなかで浮いた形で稼動するため、毎日の注油と水洗いをしっかりやっていれば、使用時間が長くとも案外故障しないものです。ところがコンバインは、使用時間が長いと部品の摩耗《まもう》や変形が出てきます。わずかな水滴でも長時間経てば石をも穿《うが》つように、大量の稲が機械を少しずつ削っていくのです。

そこで単純な構造の機械は中古を買い、複雑な構造の機械はできるだけ新品、あるいは使用時間の少ない中古を買うようにしてください。

最近の農業機械にはハイテク装備の導入が進んでいます。素人でも熟練を要する技術が使えるように、あるいは高齢者や女性でもスイッチ一つ操作すれば高度な仕事ができるようになりつつあります。しかしこうした装備は、なくても困らないような機能もたくさんあります。必要ない機能のために高い買い物になっていないか注意しながら購入を検討します。1人で農業をやる人は、トラクターのロータリーなど、付属品を1人で簡単につけられるようになっているかどうかも確認しておいてください。

### ▼高価な機械を使う仕事は委託するのも手

高価な機械を所有してほかの農家に貸し出したり、オペレーターごと作業委託の注文をとるような組織（機械銀行とか機械組合）が近くにあれば、高価な機械を使う仕事はそこに依頼するという手もあります。

また自分が所有する機械をこうした組織に持ち込んで委託注文をとれば、機械の稼働率と現金収入を増やすことで固定費をカバーできることもあります。

機械代をコストダウンする方法としては、近くの農家と共同使用する方法もありますが、これは新規就農者にはおすすめしません。農業機械は使いたい時期はみんな使いたいのです。一番使いたいときに使えないとか、故障や買い替えなど、コストがかかるときの負担が不公平感を生んだりします。ルールをきちんと決めていれば、普通はこうしたトラブルは防げるのですが、失敗例が多いのが現状です。

もうひとつ気をつけたいのは、制度資金を利用して農機を買う場合、中古の購入が認められないケースがあることです。

融資目的が機械購入の場合ですが、生活資金などの名目の資金から、こっそり買うことは可能です。自己資金で買うのがベストなのはいうまでもありませんが……。

## 資金調達

どうしても自己資金が足りないなら、借入を起こさなければなりません。農業関係の資金調達は、民間銀行から融資を受けるより、制度資金と呼ばれる農業支援制度を利用するのが普通です。農業支援を目的としているため、低利、あるいは無利子で資金を借りることができます。

ただし融資の申請をしたからといって、簡単に融資をしてくれるわけではありません。担保や保証人をつけないと普通は貸してくれません。かつては民間銀行なら、これはと思われる案件なら無担保でも融資を受けられました。そんな時代でも、公的金融機関の与信審査は民間以上に厳しかったのです。

なお担保も保証人も用意できない人は、信用保証機関である農業信用基金協会などに信用料を払って保証をとりつければ、融資を受けられるとされています。

信用保証機関の仕事は、金融機関が融資をしてくれない者に債務保証をして、融資を受けられるようにする機関だと一般に思われていますが、実際は違います。少額の場合は無担保、無保証人でもよい場合もありますが、普通は信用保証機関も担保や保証人などを求めます。

### ▼自信をなくすのはすべての融資を断られてからでいい

では、何のために信用保証機関が存在するのか、疑問に思う人もいるでしょう。答えは簡単です。保証機関を通すと、金融機関は融資が焦げ付いても不良債権にならないからです。返済が滞っても信用保証機関が代わりに払ってくれるから安心なのです。

担保や保証人は金融機関から信用保証機関に移転し、借り手あるいは保証人は信用保証機関から借金の取り立てを受けます。信用保証機関の存在意義は、これがすべてとはいいませんが、金融機関が不良債権を抱えないようにするためにあるのです。そのため制度資金を借りようと申し込んでも借りることができないこともあります。

担保も保証人もなければ制度資金を利用できないのかと思われた人は、私が第3章で「借金をゼロにせよ」といったのを思い出してください。希望どおりの融資を引き出せるかどうかはわかりませんが、こんな場合に備えて準備をしてもらったのです。

自信をなくすのは、融資をすべて断られてからにしましょう。無担保、無保証人でも融資を受けられる制度がないこともありません。担保や保証人が必要だとうたっていても、限度一杯でなければ可能性は残されています。その可能性を引き出すのが過去の借金の履歴であり、いかにも成功しそうな経営計画書です。どれだけ上手な計画を立てられたか、真価を問われるのはここなのです。

## 認定新規就農者になる

就農アドバイザーに経営計画が認められると、青年等就農計画制度に従い、認定新規就農者になれます。認定新規就農者になると、その信用から融資枠が広がります。担保や保証人がなくても、それなりに融資を受けられるようになるのです。

認定農業者および認定新規就農者制度は、将来の日本の農業を担って立つ農家を育成するため、やる気のある農家を優遇して経営基盤を強化しようとする政策からできた制度です。

この制度は２００１年から強化され、近年さらに多くの支援が得られるようになっています。日本の農業の未来を担う人として、公的な支援を特別に厚く受けられるようになります。その典型例は農業次世代人材投資事業（経営開始型）と呼ばれる就農直後5年以内の１人年間１５０万円の生活費支援や新規就農者に対する無利子資金制度（青年等就農資金）などでしょう。

たとえば、農業次世代人材投資事業を使って夫婦で就農するなら、年間2人で３００万円、５年で１５００万円生活費を支援してくれるのです。言い換えれば、このお金を生活費に使わず、貯金すれば、1500万円の借金など、これだけで帳消しになります。

## ▼認定農業者の欠点とは？

認定農業者になると、制度資金など多くの資金的支援が使える利点もありますが、欠点もあるとされています。それは認定農業者制度が、「効率的で安定した魅力ある農業経営をめざす農業者が、自ら作成する農業経営改善計画（5年後の経営目標）を市町村が基本構想に照らして認定し、その計画達成に向けてさまざまな支援措置を講じていこうというもの」であることに起因します。

近年はあまり聞きませんが、要するに何か支援を受けようとすると、農家の経営に市町村がいちゃもんを付けてくることがあるのです。そのため認定農業者になっていないのがおかしいような実力派農家のなかには、市町村の介入を嫌い、認定農業者にならない選択をする人もかつてはいました。

昔はマスコミ総出で大量生産が農業の生きる道だといっていたころに、高品質作物、ブランド作物を手がけ、ブランド化をマスコミが言いだしたころには無農薬栽培にシフトし、無農薬栽培が供給過剰になりつつあると見るや次の手を考えるような先端農家は、先端をいくがゆえになかなか行政の理解を得られなかったわけです。

そうかと思えば、なかにはマスコミの人気者になる農家もいて、その評判に釣られて本当は行政がいちゃもんを付けなければならないのに、付けられなくなっていることもあります。マスコミがその農家をヒーロー扱いするから本当は危険な経営状態にあるのを行政が見抜けず、融資を拡大していることもあったりします。

ちょっと話が脇にそれました。近年は減りましたが、新規性の高い農業をやろうとして制度資金を借りようとして行政が拒否することがあるにしても、市町村もそれほど無茶なことをいってくるわけではありません。経営分析の教科書どおりのきらいはあるものの、成功のためのアドバイスをしたいと思っているのは確かです。どれだけの根拠をもってこの数値をたたきだしたのか、計算違いが発生したときにはどのように対処するつもりでいるのか、きちんと説明できるようになっておけばよいのです。また市町村の意見が正当だと思えば、従うのが賢明です。

実際のところは、認定新規就農者や認定農業者が、こうした支援策を使わないで自分の資金でやるのなら、行政も別に文句はつけないのです。したがって、認定新規就農者になることに、デメリットはほぼないと思っていいでしょう。

## 農業委員会の許可を得て農地を取得する

農業委員会とは、地域の農業関係の許認可権を持つ行政委員会で、本部は市町村役場にあります。農業委員は、市町村内の各地区から選挙によって選ばれるのが建前ですが、たいてい持ち回りで立候補者が出て、無投票で決まることが多いようです。

農地を取得するには、農業委員会の認可が必要です。多くの書類を提出し、面接を受けて、農業委員会の許可が出たら農地の売買や賃貸借ができます。書類が煩雑《はんざつ》なのは仕方がありません。農家が規模の拡大のために申請するときは、書類は面倒ですが、手続きは簡単にすみます。新規就農者でも、農業委員会が斡旋した農地や、信頼できる筋からの農地であれば簡単に許可が下りるでしょう。

しかし都市近郊の農地を独自に見つけて申請する場合は、戦地に赴く気で臨みましょう。なぜなら都市近郊の農業委員会は、何としても申請の弱点を見つけようと躍起になることがあるからです。なぜそんなことをするのか、訝《いぶか》る人のために申し添えておけば、農業をやるといいながら別の事業に農地を転用しようとする輩《やから》から農地を防衛するのが、農業委員会の重大な使命のひとつだからです。

たとえば1反歩（300坪）の土地を使ってコメを作るとします。日本の平均収量程度は収穫できると考えると、1年で500キロ程度は収穫できるでしょう。仮にこのコメを10キロ4000円で売るとしましょう。粗収益（売上高）は20万円になります。10キロ1万円という普通では考えられない高値で売ったとしても、50万円にしかなりません。

### ▼農地の取引が簡単にはできないようになっている理由

では、工業製品を作ろうと考えて、この土地に工場を建てたとしましょう。300坪の工場といえば、かなり大きな工場になります。この工場で生産される製品の売上は50万円を下回るでしょうか。ありえません。小売業でも同じです。300坪の店の売上が年間50万円などということは想像できません。300坪もある工場や小売店は、間違いなく億単位の仕事をしています。

コメの代わりにもっと高価な作物、あるいはもっと大量に作れる作物を作れば、農業でも1反当たりの売上を100万円とか200万円にするのは可能です。しかしそこまでしても、商工業の売上にはとうてい太刀打ちできません。

そうした事情から、農地の取引を経済原理に任せると、よいところから順に確実に消えていきます。だから農地の取引は簡単にできないようになっているのです。

近年、株式会社の農地取得もできるようになっていますが、同じ立地でも商業用地や工業用地よりも農地が安いことに注目して、転用目的の農地取得を目指す者を排除するように、今も法律が定められています。

農業をやる気もないのにやるといって農地を確保し、ちょっと農業をやったふりをしてすぐに白旗を掲げ、やっぱり本業がよいといって工場や店舗を建てるというインチキをやる、そんな連中に農地を渡すものかというのが、農業委員会、ひいては政府、農林水産省の考え方です。彼らの疑いはもっともですから、多少気に障ることを言われても気を悪くしないで、情熱と戦略を説明するようにしてください。

残念なことですが、研修など、なにがしかの農業経験がないと農地取得を認めない農業委員会もあります。これには法律的な根拠はなく、農業委員会は、ただ素人が研修も受けずに農業をやっても失敗すると信じ込んでいるのです。

この考えは、たしかに正しいこともあります。難しい作物をやるつもりなら、私もそうすべきだと思います。

しかし比較的容易だと思われる作物でこんなことを言われる場合は、ほかの就農支援機関の口添えを得るなどして交渉に臨みましょう。それでダメなら、ほかをあたるか、素直に研修を受けるかです。

## 農業協同組合に加入する

ＪＡとも呼ばれる農協は、ほぼすべての農家が加入している協同組合組織です。農作物の出荷や農業資材の購入、金融業務全般、小売など、多彩な事業を行っています。農業を行ううえで農協への加入が義務づけられているわけではありませんが、加入していないと何かと不便なことが多いので、組合員になっておくほうがよいでしょう。

農協の組合員になるには、数千円から数万円の指定された出資金を払う（加入をやめると返還される）ほかに、さまざまな条件があります。

加入する農協の活動地区に住んでいるのは当然ですが、農地を10アール以上所有していなければならないとか、年間90日以上農業に従事していなければならない、といった条件をクリアする必要があります。

これらの条件は農協によって異なります。たとえば所有農地が10アールでよい場合もあれば、50アールなければだめな場合もあります。

条件に合致しない場合は、ハードルがほとんどない準組合員になることができますが、受けられるサービスに若干違いがあります。

こうした規定はもともと、農家と非農家を区別する意図で作られたものです。しかし昔に作られたままになっているものが多く、今では現実味に乏しい部分もあります。たとえば50アールの土地を所有していても、コメではまず食えませんが、ほかの作物なら食える場合もあります。借地で規模の拡大を図ることも今では当たり前ですし、農地を人に貸して、自分たちは家庭菜園しかやらない農家もいます。

そのため公式には組合員と認められない場合でも、周囲の農家や農協の対応によっては、ここでは書けないような裏技で事実上の正組合員になることも不可能ではありません。

組合員になると、銀行口座にあたる組合員口座を開設します。農協を経由して市場に出荷すると、この口座にお金が入ってきます。

また資材を購入した場合は、ここから代金が引き落とされます。農業関係の借金も、多くは農協が窓口になります。

## 本格的な研修を受ける

ここまで準備が整ったら、農家の現場に入って実地の研修を受けることも考えなければなりません。

まず絶対に受けておいたほうが良いのは、農業機械の扱い方です。タネや苗を植えたり、肥料をまいたり、収穫したり、袋詰めしたりといった作業は、早くきれいに行うには多少のコツは必要ですが、基本は単純労働なので習得するというほどのことはありません。しかし、農業機械は別です。

### ▼農業機械の扱いを誤ると、最悪の事態を招きかねない

トラクターやコンバインといった「乗用」と呼ばれる機械は、ハンドルやブレーキなどで基本クルマの運転とは異質の操作技術が必要なことが、ままあるからです。

また、歩行型と呼ばれる耕耘機にしても、いきなり使って思いどおりには使いこなせる人はほとんどいないでしょう。たとえば畝立てひとつにしても、まっすぐ畝を立てているつもりでも、振り返ると、畝がくねくね曲がっていたりするでしょう。

また、乗用の農業機械は傾斜を上り下りするときが最も危険で、下手をするとひっくり返ったりもします。機械がひっくり返るときに、うまく逃げられるといいのですが、逃げられないと大けがをしますし、下手をすると機械に押しつぶされて死にます。

自動車同様、ある程度練習しないとこうした農業機械は扱えないと思います。機械の操作を学ぶ研修は、チャンスがあればぜひ受けておくべきです。

その他の研修は、先に書いたように私は研修にそれほど効果を見出していませんが、本当に良い研修先が見つかるなら、研修を受ける価値はあります。対象になるのは、自分のやりたい分野で実績のある農家や農業法人です。就農地とは別の地域の、作りたい作物の先進地と呼ばれている地域で研修先を探すのも良いでしょう。

ただし、研修に過度の期待は禁物です。なぜかというと、研修先は常に不足していて、良い研修先ばかりがあるわけではないからです。

プロ農家といっても、そのレベルはさまざまです。優れた力量でやってきた人もいれば、今までやってこられたのは運がよかっただけという人もいます。また研修生を本気で鍛えようと思う人もいれば、安く使える労働者としか見ない人もいます。

研修生の待遇も、研修先によって天国と地獄です。同じことを同じだけやっても、一方はそれなりの慰労金をくれるが、もう一方は修業だからタダ働きは当然となることがありえます。これは、農業高校や農業大学校の生徒が研修に行っても同じ目にあいます。

こうした差が出るのは、研修生の受け入れが基本的にボランティアだからです。研修先は常に不足しており、就農支援機関の担当者が頭を下げて回ってやっと受け入れを承諾してもらうことが多いのです。そのため多少難があると思うような農家でも、受け入れてくれるとなれば、就農支援機関は文句をいえないことがままあるようです。

本来なら、新規就農者は研修を受けた後も、研修先の農家と付き合いを続けて、何か問題があったときに相談に乗ってもらったり、「この品種は面白いからやってみないか」などとすすめられたりする関係であるべきだと思います。しかし、実際に研修を受けた後は研修先農家と没交渉になる人がたくさんいます。おそらくは研修を受けても満足に修業ができなかったとか、あまり良い扱いを受けなかったとか、そんな理由があるのでしょう。

そうした事情から、私は、余裕があるなら研修先を1つに絞らず、いくつかの農家や農業法人を渡り歩くことをおすすめします。待遇が悪くても立派な結果を出している農家のやり方を見ておくべきです。くだらないやり方をしている農家も見ておいて損はありません。1つだけだと農家の能力がどこにあるのかよくわかりませんが、別の農家のやり方を知っていると比較ができるからです。

# 第5章

# 移住希望者必読!
# 農村社会で
# 生きるための
# 必須知識

## 農村社会も都市もしょせんは同じ

農村社会というと、閉鎖的とか人間関係が煩《わずら》わしいといって嫌う人が少なからずいますが、こうした話は眉唾《まゆつば》だと思ってください。こんなことは日本中どこでも同じだからです。

2、3分おきに電車がやってきて、時間どおりに目的地に着くなどという場所は、世界中探しても日本の大都市にしか存在しません。世界的に見ても例外的に便利な都会に住んでいて、「田舎は電車が1時間に1本もこないからなあ」と不満をいうのは、ただの世間知らずにすぎません。

また、農村社会のイメージが閉鎖的だというのなら、大学名で学生を選別・採用する企業は開放的なのでしょうか。大都市に働くビジネスマンの圧倒的多数が、人間関係は煩わしくないと思っているのでしょうか。

農村社会も大都市の社会も、同じ人間が作った社会です。「地域性」や「社風」といった言葉で説明される雰囲気の違いは間違いなく存在します。

しかしまったく別種の人間が住んでいるわけではありません。農村でも大部分の家庭が、今ではサラリーマンとして暮らしています。

都市の住人から嫌われる人は、農村でも嫌われるでしょう。逆に農村で評価される人材が、都市で評価されない理由もありません。

大企業で出世した程度の評価は、農村では無意味な場合が多いようです。過去、多くの地方出身者が大都市に出て成功しています。

有名企業の部長や取締役が親戚だったり友人だったりする農村住民など、掃《は》いて捨てるほどいます。大企業の社長や中央政界の大物でも、出身地に帰れば、子どものころに一緒に鬼ごっこをした友人から当時の渾名《あだな》で呼ばれているのです。

だから仮にあなたが有名企業の専務であったとしても、前職を聞かれたときには、「○○会社で経理をしていました」程度の答えにとどめ、役職などはぼかしておいたほうが賢明です。企業の肩書などたいした意味を持たないのです。違いといえば、その程度です。

## 新規就農者は周囲からどう見られるか

昔の新規就農者は、当初は、まず間違いなく周りの農家から変人と見られていました。もともと農業をやってきた人たちは、「今まで農業をやってきて、いいことは1つもなかった。苦労ばかりだった。自分だってできれば辞めたいのに、まだ将来のある人が農業をやるなんてありえない。あいつは何か悪いことをして都会にいられなくなったんじゃないのか。あるいはちょっと頭がおかしいんじゃないか」と考えていることが多かったのです。

もちろん面と向かってこんなことをいうわけはありませんが、そんなふうに見られていたわけです。新規就農者が失敗して去っていった過去があれば、「こいつはいつまで続くだろうか」と見られていました。

### ▼地元のほとんどの人たちは「戸惑っている」と考えよう

しかし近年は、いよいよ農村の高齢化も深刻さを増してきており、期待の若手として見られていることも多くなってきました。

ただ、地元の人としても「せっかく来たのだから定着してほしいが、どうやって接したら良いのかわからない」という声もよく聞きます。

田舎の住人は、多くが何代にもわたってその地に住んできた人たちなので、生まれたときから誰がどんな人か知っているという社会になっています。

そんなところに、生まれも育ちも違う異分子が入ってくるのは、嫁入りや婿養子くらいでした。こうした場合は地元に受け入れる家があるわけです。だから付き合い方は昔から継続したやり方で良いわけです。

しかし、都会から縁もゆかりもない人が入ってくると、どのようにして付き合いをしたらいいのかわからないので、地元の人も戸惑ってしまうのです。

たとえば、都会から来た新規就農者が、地元では不適切な農作業をしていたとしましょう。地元の人は「あ、それをやると失敗するのに……」と思っても、わざわざ農地にまでやってきて「それはやっちゃだめ、こうしなさい」とはなかなか言いに来てくれません。地元の人だと平気で言う人でも「彼には彼のやり方があるのだろう」とか、言わなくてもよい理由を見つけ、遠慮して言わないのです。

不適切なやり方で新規就農者が失敗してしまうと、「ああ、やっぱり言うべきだったかな」とも思うのですが、それでも言わない人は言いません。

ですから、こういうときに地元の人にすんなり助言を得られる「甘え上手」な人のほうが、失敗を避けられることが多いでしょう。

農作業をしているときに声をかけられたら、「楽しくやってますけど、この方法で本当に良いのかなと迷ってます」などと話して、相手が助言しやすくしたり、通りがかりに自分から近くで農作業をしている人に声をかけて、どんなやり方をしているのか聞いてみたりといった付き合い方をして、地元の人と自分との間にある、見えない壁を崩していく努力をしましょう。

## 挨拶回りの範囲は隣に聞け

新しく入ってきた人は、当たり前のことですが、菓子折りなどを持って挨拶回りをしなければなりません。まず、その集落（部落）の区長とか、自治会長のところを訪ねます。その後、隣の家を訪ねて、自分が挨拶にいかなければならない家はどこかを聞くことが大切です。

## ▼挨拶回りで知っておくべき見えない〝線引き〟

なぜなら農村には、見えない境界線もあったりするからです。

自治組織は通常、たとえば一丁目自治会というように、地理的な線引きをした範囲内の住民によって形成されています。これは農村部も同じですが、農村にはもうひとつ、そうでない部分があります。つまり地縁、血縁などの別枠が存在するのです。

この枠のなかの人たちは、何かのお祝いを持っていったり、もらったりする関係にあります。枠の姿が最も明確になるのは葬式のときです。枠内で死者が出ると、その枠内の全農家から手伝いの人が出て通夜や葬式を手伝います。

この線引きは、大変強固なものです。たとえば一丁目から二丁目に家を移したとします。この場合、一丁目の自治組織から脱退し、二丁目の自治組織に入り直すのが普通です。ところが農村では、二丁目に引っ越しても、組織的には一丁目にとどまり続けることがあります。現代の感覚からすると明らかに合理性に欠けますが、そうしたことを大事にするのが農村社会なのです。

ですから挨拶回りをするときに、こうした線引きを知っておかないと、住民の間にわずかに波紋をもたらすことがあるかもしれません。つまり「この枠内にいるのに、あっちに回って、うちにはこない」といった類いの波紋です。

もっとも「都会の人がこんなことを知らないのは当然」と気にもとめない人も多いでしょう。ただ何も知らないと思っていた新人がそうした制度について理解していることを枠内の農家が知れば、「農村のことをよく知っている奴だ」と好感を持たれる可能性は大です。

挨拶回りをしたほうがよいのは、居を構えた場所が属している、見えない境界の範囲内すべてです。ですからすぐ近くに境界線がある場合には、たとえば左側は10軒回り、右側は1軒だけということもあります。場合によっては、飛び地のようなところに挨拶にいく必要も出てくるでしょう。

こうした境界線はどこに引かれているのかといっても、それは住んでいる人にしかわからないのです。もちろん、集落全部の家に挨拶回りをするなら、それはそれでかまいません。そこまでする人は少ないので、たいていは好意的に見られるでしょう。

## 農村で評価される人物像

挨拶回りを無事すませると、「一応、常識をわきまえた人間らしい」と周囲も見るようになりますが、まだ新規就農者に期待と不安を持っています。たとえば都市の流儀で農村社会がかき回される恐れはないか、などと恐れていたりするのです。

こうした疑念を払拭《ふっしょく》する方法は2つあります。

ひとつは、青年団や消防団などのボランティア組織に入ることを嫌がらないことです。積極的にやりたいと訴える必要はありませんが、声をかけられたら断らないようにし、人並みにやることが大切です。

また、地域の美観や機能保持のための奉仕作業も人並みにやってください。これはあなたの認知度を上げる効果もあります。とくに比較的若い年齢層が集まる青年団や消防団は価値観が似ていて、味方になってくれる同年代の人が多いので、できるだけ顔を売っておいたほうが得策です。

もうひとつは、当たり前のことですが、農業を一生懸命やることです。農村には、農業をやりたくない若者が満ち溢れています。農業をやらない、やっても片手間にしかやらない息子を持つ親たちに、「うちの息子もあの新入りくらいやってくれたらなあ」と思わせるのです。そして当の息子たちから、「あいつは熱心にやっているな」と感心されるようになったら、間違いなく地域に溶け込んだといってよいでしょう。

一生懸命やるのに格別のテクニックは必要ありませんが、強いてあげれば、畦道《あぜみち》の草刈りや田畑の除草をしっかりやることです。

### ▼農地の管理が杜撰だとバカにされる

いくら豪邸に住んでいようが高級車に乗っていようが、農地の管理が杜撰《ずさん》だとバカにされます。田畑をほかの農家よりきれいに見えるようにしておくだけで、評価はずいぶん上がります。評価が上がれば、規模を拡げようとするときに、新規就農するときの苦労は何だったのかと思うほど簡単に農地を手に入れることができるようにもなるでしょう。

朝早い時間から田畑で何か作業をしているだけでもかまいません。そういう姿を、彼らは必ず見ています。

また作業効率を上げるには、土日祝日に周囲とは違うことをやることです。近年だいぶ減りましたが、今も日本の農家の多くは、普段はサラリーマンで、休日に農業をやる第二種兼業農家です。そのため平日は静かですが、土日祝日は田植えや稲刈りなどでにぎやかになります。田植えの時期になると、どこもかしこも水を使います。普段なら問題なく水量を確保できるような場所でも、土日祝日は一時的に水不足になったりします。稲刈りの時期になると、ライスセンターには第二種兼業農家のトラックが列をなし、コメの搬入ができないということが起こります。こうした農作業をするときは、土日祝日を避けるのが賢明です。平日なら水は使い放題です。ライスセンターにコメを持ち込むにしても、順番待ちなどしなくてよいのです。

## 就農後2年間は主張をするな

就農後2年間は、地域社会の維持管理にかかわる会議の席などでの積極的な発言や行動を控えてください。新入りが何か言っても、生意気としか思われないからです。ただ疑問に思ったことは積極的に聞いてください。そうすることで農村社会の暗黙のルールをより早く理解できるからです。

もちろん求められれば意見を言ってもかまいません。しかし新規就農者の意見が通ることはあまりないでしょう。意見が通らないのは新入りだからではありません。年寄りの意見が偏重されることが多いからです。

このような会議の席で、年寄りに反抗する抵抗勢力の存在に気がつくことがあります。たいてい若い世代ですが、そうした人たちとは親交を深めてください。そうすれば2年後に意見をいうときに必ず味方になってくれるでしょう。

2年経つと、あなたの農業技術もそれなりに向上しているはずです。周囲も熱心さを認めているでしょうし、「農業を辞めて出ていくわけではないな」と思うようになっています。そんな状態になってから意見を言うことです。

3年目からは、文句を言いたければいくら言ってもかまいません。事前に「こんなことを考えているんだが、どう思う?」と親しい人に相談し、可能性があれば積極的に年寄り相手に議論をしましょう。

## 先輩のいうことに耳を傾けよ

周囲にいる農業の先輩たち、とくに70歳以上の高齢者の方と話をしていると、多くの人が農業についての勉強を十分にしていないことに気がつきます。

「自分の仕事なのに、この程度のことも知らないのだろうか」と思うような人もいます。だからといって、彼らをバカにしたりしないでください。彼らは農業の実務についてはよく知っているからです（もちろん例外もありますが……）。

なぜ彼らは農業についての基本的な知識を持たないのでしょうか。それは、知らなくても問題がなかったからです。やらなければならないのは手を動かすことであって、書物をひもとくことではなかったのです。

戦前そして戦後もしばらくのあいだ、日本では教育はあまり重視されていませんでした。大学などは一部の金持ちの子弟が行くところで、学生は一般庶民とは別階級の人間だったのです。庶民の子どもに求められたのは、早く一人前になって仕事をすることでした。

ですから子どもに能力があることがわかれば、農家でも商家でも即現場に投入されました。学校に行かせると金がかかるだけなので、すぐに働いて金を稼げ、というのが当時の常識でした。

そのため親に知られないように隠れて勉強する人が多かったようです。

学校に価値を見出していたのは、当時まだ少なかったサラリーマン世帯でした。そして今のように教育に関心を寄せるようになったのは、高度成長期にサラリーマンが社会の多数派となり、社会全体がサラリーマンの論理に影響されるようになってからです。

### 農学と農業はまったく違う

農家の高齢者は、現場の知識は相当持っています。農学者が農家の前で講演するときに腰を低くするのは、彼らが謙虚だからではありません。下手なことを言ったらバカにされることを知っているからです。農学と農業は違います。日本一のキュウリ学者が、日本一のキュウリ農家と競争しても勝てません。それが現実であり、農業の深いところなのです。

地域に溶け込んでくると、こうした先輩たちのなかに、助言という形でお節介を焼く人が出てくるでしょう。危なっかしい手つきで農作業をしていると、ついつい口を出したくなるのです。ましてや農業への取り組みが本気だとわかれば、なおさら世話を焼いて協力しようとします。たとえば金がなくて農機具を買えないというと無料で貸してくれたり、実用に耐える農機具をくれたり、「わしが死んで誰かが取りにくるまで勝手に使え」とタダで農地を貸してくれたりすることもあります。

「あの新入りはまだ未熟だが、一生懸命やっている。だからあいつに自分のこれまでの経験と知識を教えよう。自分たちが何十年も培ってきたものを伝えてやろう。オレの知識を使って成功してくれたら本望だ」

これが、農業を支えてきた人たちの矜持《きょうじ》です。ですから、これはと思う先輩をたくさん見つけてください。そういう先輩が見つかったら、頭を下げて積極的に教えを請うことです。彼らは自分たちが時代遅れになりつつあるのを知っています。

自分たちの限界も痛感していますから、「若い人は自分の言うとおりにやろうとしない」と文句を言ったりはしません。

彼らの言うとおりにする必要はないのです。彼らが持っている現場の知識をもとにして、彼らを越える農業をやればよいのです。「ああ、こんなやり方があったのか」と唸らせるような農業を模索してください。そして成功してください。彼らはあなたの成功を見て、嫉妬したりはしません。「少しはあの新入りの役に立てたか」と、そう思うだけです。

もっともなかには、新規就農者を利用してラクをしようとする人もいるかもしれません。使いものにならない放棄田をタダで貸してやるといって、それを整備して使えるようになったら「返してくれ」というような輩です。

相手がどんな人物なのか、就農当初に見抜くのは難しいと思います。

しかし40歳を過ぎた人間の顔は、それまでの生き方を反映しているとよくいわれます。私はこれに、言動をよく見ることをつけ加えたいと思います。これまで付き合ってきた嫌なタイプの上司や部下、顧客などの顔や言動を思い浮かべて、相手の人となりを判定してください。もしその判断が間違っていたら、自分の人物鑑識眼を恥じるしかありません。

## 農協との付き合い方

農業をやるうえで、農協との付き合いは避けて通れません。農協は、名前のとおり協同組合組織です。民間の農業関連企業とは違います。そのため営利事業のみならず非営利事業もそれなりにやっています。

かつては日本経済が右肩上がりの成長を続けていたため、農協の経営もうまくいっていました。しかし今は生協（生活協同組合）と同じで、曲がり角にきています。従業員をリストラして人件費を抑制すると同時に、金融を中心とする農業外収入を増やして生き残りを図ろうとする農協が多くなっています。また近隣の中小の農協が合併して大農協に変わりつつあります。

農協の顧客はほとんどが農家ですから、就農すればさまざまな売り込みがあります。主なものは貯金や保険などの金融商品と、農協の〝のれん〟を借りた民間企業によるマッサージ機などの売り込みです。

農協経由で出荷するしか販売手段のない農家にとっては、農協は生殺与奪《せいさつよだつ》の権を握っているともいえます。民間企業の世界ではときどき、こうした優位性が悪用されることもありますが、農協がそうした所業に出ることはまずありません。協同組合であり、農家からの収入に依存する農協は、組合員であり主要な顧客である農家の評判を大事にするからです。組合員も職員も地元住民ですから、波風はできるだけ立てたくありません。

農協は、全組合員に出席資格のある組合員総会を年1回必ず開催します。この席で組合員から罵倒《ばとう》されたい農協幹部などいません。ですからさまざまな商品の売り込みがあっても、気に入れば取引すればよいし、気に入らなければ断ってかまわないのです。

## ▼注意すべきは金融面（お金の使い方）

注意しなければならないのは、金融面です。農家は農協に口座を作っているため、農協は当然、金の出入りを知っています。農協に融資を頼む場合、口座のチェックをしないわけがありません。別に脅かすわけではありませんが、普段は何も問題がなくても、融資を受ける場合には取引実績が影響しないとは限りません。もっとも、農協以外にも日本政策金融公庫や一部の地方銀行や信用金庫など、お金を貸してくれるところは他にもありますから、そういうこともある程度に思っておくくらいで良いでしょう。

前述したように、農業はお金になるまで時間がかかります。一時期に収入がドカンと入り、その金で1年間暮らすこともあります。そのため1年間ずっと預金額が減り続けていても、融資の問題になることはまずありません。問題になるのは、お金の使い方です。不信の念を抱かせるような金の出入りは控えるようにしてください。何度もいうようですが、具体的にはわけのわからない多額のローンを抱えるな、ということです。

農協は、農協青年部や農協女性会など非営利の組合員活動を推進しています。農協によって違いますが、田舎ほどこうした活動が活発です。そのため地域の青年会（青年団）に入っているのに、農協の青年部からも誘いを受けることがあります。そんなときは地域の青年会の任期が終わってから参加するなど、正当な理由をつけて断ってもかまいません。

しかし農協の青年部や女性会は、地元の青年会や女性会（婦人会）より広域からのメンバーが集まっていますから、これはこれで付き合う価値が十分にあります。地域にもよりますが、専業で農業をガンガンやっているような人は、農協青年部くらいの組織にならないと見つからないかもしれません。

したがって忙しくなければ、両方に加入するのも悪くありません。周囲に親戚や友人のいない環境下で就農する場合、こうした活動に参加することは人脈づくりにプラスになることはあっても、損をすることはないでしょう。

## 自動車業者との付き合い方

車を購入するとき、みなさんはどうするでしょうか。普通は近くの自動車メーカーの系列ディーラーで買うでしょう。

しかし就農する場合は、ディーラーで車を見ても、買うときは地元で車検や板金、塗装などを扱う自動車業者を通すようにしてください。メンテナンスも同じようにして、地元資本に金が落ちるようにします。

これは友人や知人を儲けさせたいという思いからですが、同時に無理が利くからでもあるのです。大手のディーラーでは聞いてくれないようなことでも、地元の業者なら聞いてくれるという安心感があります。また地元の業者は当然のことながら、地元に顔が利きます。何かあれば顔つなぎくらいはしてくれるものです。

### ▼地元の自動車業者は味方にしておいて損はない

それだけではありません。地元の自動車業者と親しくしておけば、農機の修理などもやってくれることもあります。エンジンまわりの故障は彼らの専門分野ですし、トラクターのタイヤ交換も、頼めばたいていやってくれます。人力では修理できないほど部品が曲がってしまったとか、折れてしまったような場合でも、彼らの装備を使えば、曲げ直したり溶接したりできることがよくあります。

そのため主力に扱っている車のことしかわからない業者ではなく、零細でも知識や技術のある業者を選ぶことが大切です。どうせ軽トラックを買うことになりますから、商談をするときに判断してください。

たとえば近くの業者を回って、「農業用の軽トラックが欲しいが、どこのメーカーがよいのかわからない」という質問をすれば、相手の実力がわかります。メーカー別にどんな特徴があるかを説明してくれる人がよいでしょう。このメーカーはエンジンはよいがシャーシはあまりよくないとか、あのメーカーは耐久性はあるが細かい故障が多いとか、そんな情報をすらすら出してくれる人がよいでしょう。

あまりいないかもしれませんが、あなたがやろうとしている農業の分野を聞いて、それに応じた提案をしてくれるような人がベストです。またいろいろとお世話になるかもしれないので、溶接や板金などの装備をどれだけ持っているか、農機の部品調達ができるかどうかも聞いておきましょう。そうしてここがベストだと思える業者に軽トラックの注文を入れます。

農機の修理なら農機販売店にやってもらったほうがよいのでは、と思われるかもしれません。たしかにそうです。しかし農機販売店は、いざ故障したときにすぐに駆けつけてくれないことがあるのです。

というのも農業機械は稼動する季節が決まっているため、同じ時期に大量に故障することがあります。田植えの時期には田植え機、稲刈りの時期にはコンバインが、あちこちで故障します。そのため農機販売店の社員は、農繁期には営業そっちのけで一日中修理に走り回っています。依頼に応えて20分ではせ参じたくとも、先客がいるため2時間、3時間、あるいは5時間遅れになってしまうことがあるのです。

これに対して自動車業者の場合、農機ほど修理依頼が集中することはないので、業者にやる気があれば、相談すればいろいろな要望に応えてくれます。くわしくは後述しますが、農機販売店の修理見積が適切かどうかを確認する意味でも、自動車業者と親しくしておく価値はあります。

## 農機販売店との付き合い方

農機販売は今、岐路に立っています。農業人口の減少は、農機マーケットの減少でもあります。農家の高齢化が進み、少しずつ顧客は消えていきます。といって若い顧客はなかなか得られません。昔、農機販売店はあこぎな商売でした。なぜならお客のほうが悪かったからです。農機を買うといえば性能や仕様など見向きもせず、価格しか見ようとしない、説明書もろくに読まず、整備もしない、故障したらすぐこいという――まさに営業マンを奴隷としか思っていないような農家が多かったのです。

農家のこうした体質のせいで、技術力に定評のあったメーカーがいくつも消えたり、他社に吸収されていきました。しかも農機販売店が農家の横暴に耐えていると、農家はますますつけあがってきました。

農機を買おうと販売店を回っていると、展示会の案内がたくさん舞い込むようになります。今はあまりないと思いますが、昔は展示会にいくと、会場では昼間から酒が出ることもありました。酒を出さないと文句を言う客がいたからです。また年に1回、近畿ブロックや東北ブロックといった単位で行われる大展示会になると、観光バスを用意し、観光地めぐりをしてくることもありました。そこまでやらないと買ってくれないお客がたくさんいたのです。

しかし市場そのものが縮小しているため、そんなことをしても売上の減少は止まりません。困った販売業者はどうするでしょうか。お客を見て、たとえば1～2万円ですむような修理なのに、5万円、10万円と請求したり、メーカーに修理部品があるのに部品がないと偽って新しい農機を買わせようとするのです。値段しか関心がなく、商品知識のない農家は、自分では得な買物をしたつもりでいますが、裏では食い物にされているのです。

こうしたことは、特定の販売店が組織的にやるわけではありません。多くは営業マンが勝手にやっています。それもこのお客には誠実に接しているかと思えば、別のお客には心のなかで舌を出しているのです。お客によって対応を変えているのです。

## ▼業者の食いものにされたくなければ営業マンを見定めよう

新規就農した人は、販売店から見ると貴重な新規顧客ですから、最初のうちは決して悪い扱いを受けることはありません。

むしろ、特別扱いされて、普通の農家では出してくれない好条件の値引きをしてくれたり、機械が故障しても最優先で対応してくれたりもするでしょう。

しかし昔の人がやっていたようなヘタクソな農機の買い方や付き合い方をしていると、いずれ食いものにされる可能性が大です。

食いものにされたくなければ、営業マンを選ぶことです。常に価格のことしかいわない営業マンや、売ることしか考えていない営業マンは相手にしないことです。優秀な営業マンは展示会の案内も持ってきますが、一緒に情報も持ってきます。

ほかの農家ではどんなことをやっているかをはじめとして、担当している地域のことをよく知っています。

こういう営業マンは機械の修理経験も半端ではないので、機械についての知識も相当なものです。中古で買ったトラクターのラジエーターが壊れたが、新しいトラクターを購入できる余裕がないときに、「乗用車の中古ラジエーターを流用するといいですよ」というようなことを教えてくれるような営業マンと付き合うようにしましょう。

もちろん営業マンから見て、付き合う価値のあるお客だと思われるようになることも大切です。オイル交換などのメンテナンスは自分でやり、ちょっとした故障は自分で直すことです。

自分の手に負えない故障が発生すれば、もちろん営業マンを呼んでもかまいませんが、彼らの修理の仕方をよく見ておき、もし自分にもできそうなら、同じ故障が発生したら今度は自力で何とかしましょう。

こうして数年農業をやっていると、深刻な故障や部品が必要な場合を除いて、営業マンを呼び出すことはなくなります。農機販売店に暴利をむさぼらせる客になるより、手間のかからない、尊敬される客を目指すことです。

## 農業簿記と自分なりの記録をつける

給与所得者と違って、農業などの自営業者は帳簿をつける必要があります。農家でも税務申告の時期にあわてふためく人が多いのですが、今は農業用の簿記ソフトがあるため、以前よりラクになっているといえます。

農業用のソフトハウスとして最も有名な会社はソリマチで、簿記以外のラインナップも充実しています。農業簿記がわからなくとも、指示されたとおりに入力すればよいので便利です。

ただパッケージソフトゆえの限界もあります。表計算ソフトやデータベースソフトをうまく使えば、自分の好きなようにソフトを設計することもできます。

腕に覚えのある人は、自分で好きなように作り、場合によってはシェアウエアにしてネット上で売ってみるのもよいかもしれません。ソリマチの農業簿記ソフトも、もともとは新潟の農業法人の幹部をしている農家の人が開発したものです。

簿記のほかにも、必要に応じて記録をつけてください。

近年は、いわゆるトレーサビリティのため、どこかに出荷するときには栽培記録の提出を求められることが多いのもありますが、仕事の記録が経営改善に力を発揮するからです。野菜の栽培には、連作のことを考えて植える場所を決めるのが原則ですが、多種類の野菜を作っていたりすると記憶が混乱します。1年前のことは覚えていても、2年前、3年前はどこに何を植えていたのかわからなくなることがよくあります。

酪農家が毎日の乳量記録を残すのは当然のことです。クリスマスのイチゴや彼岸《ひがん》用の菊などを作る農家は、特定の期間や日付に出荷しなければ商品性がなくなるので、植付時期や日々の気温、肥料をいつどれだけやったかなどの記録を残しているはずです。

## ▼パソコンやタブレットありきで考える必要はない

こうした記録を残すのに、パソコンやタブレットを使おうと思う人も多いでしょう。しかし自分の残す記録がパソコンやタブレットを使うことに適するかどうか、よく考えてください。

以前、米国穀物協会に招待されてアメリカ農業の視察に行ったことがあります。視察先の1つに穀物メジャーのＡＤＭ（Archer Daniels Midland）のカントリーエレベーター（穀物倉庫）がありました。穀物メジャーとは、世界の穀物流通を支配しているといわれる穀物専門商社で、世界的な影響力が大変大きな会社として知られています。

カントリーエレベーターの仕事は穀物売買と売買する穀物の貯蔵です。世界的に大きな影響力のある巨大穀物商社の施設ですから、あちこちにたくさんのパソコンが並んでいました。

しかし、最も大事な仕事であるシカゴ穀物市場の価格の監視は液晶パネルではなくスライドで行われていました。その次に大事などのタンクにどの穀物を入れるかを判断するデータの管理は、ホワイトボードに形の違う磁石を使って管理していました。

世界的な大企業ですから、すべてパソコンやタブレットで管理しようとすれば、間違いなくできる会社です。しかし、そうしないのは、パソコンやタブレットのような小さな画面であれこれ判断するよりも、昔ながらのやり方のほうが使いやすい、判断するときに間違いがないと考えて、あえて昔ながらのやり方を採用しているのです。手作業のほうがいいなら、手作業を選ぶべきです。

今でも多くの企業で、ソフトの得手不得手を考えない上司の要求するフォーマットで書類を作らされ、四苦八苦している人がいます。そんな愚劣なやり方を真似る必要はいっさいありません。表やグラフや書類の形式は、自分が最もやりやすいやり方をすべきです。流行の機械に振り回されるのは愚かなことです。

## 変動費のコストダウンに取り組む

就農して2年経ったら、コストダウンに取り組みましょう。必ずコストダウンができるわけではありませんが、田畑の状態によってコストダウンが可能なら、実行するのが経営というものです。たとえば農薬、肥料、資材、燃料、機械修理費などです。

農薬や肥料をどれだけコストダウンできるかは、個々の田畑の状態によって変わってきます。たとえば雑草の場合、どの時期に何が出てくるかがわかってきたら、除草剤の使用量を規定の8割程度にしてみます。

規定量は余裕をもって決められていますから、雑草の繁殖がそれほどひどくなければ、規定の8割程度にしても十分な効果があるでしょう。うまくいけば翌年は7割にしてもいいかもしれませんが、調子に乗って失敗しないようにしてください。

農業の教科書には、除草剤は初期・中期・後期の3回散布するように書かれていることがありますが、減らせるようなら減らすことが大切です。

一番取り組みやすいのは後期除草剤の削減です。作物にもよりますが、生育後期になると作物自体が大きくなって日光の遮蔽《しゃへい》物になり、雑草が生えにくくなることがあります。作物の生育に影響がない程度に使わないようにすることでコストダウンが図れるのです。

ただし稲作でコンバインではなく稲刈機（バインダー）を使うときは、きちんと草を押さえましょう。雑草があると稲の結束（束にする）機構が動作不良を起こし、仕事の効率が極端に落ちるからです。

畑作で中耕（作物の成育中に周囲を浅く耕すこと）と呼ばれる作業ができるなら、やってみるのも効果的です。農薬散布と比較して手間はそれほど変わらないし、除草剤より小型管理機のガソリン代のほうがはるかに安いからです。場合によっては、殺虫剤や殺菌剤も減らすことができます。

また殺虫殺菌剤は、病害虫が出るようなら使わなければなりませんが、たいした被害がなければ使わないほうがよいでしょう。

近くに畜産農家があり、糞の処理に困っているようなら、それをタダでもらって基肥《もとごえ》（耕作時、またはそれ以前に施す肥料）に使えば買わなくてすみます。

食品製造工場が近くにあれば、コーヒーかす、茶かす、かに殻などがもらえたり、あるいは引取料までもらえることがあります。

畜産農家からもらう糞は堆肥《たいひ》化処理ができているのが普通ですが、食品廃棄物の場合は自分で堆肥化しなければならない欠点があります。堆肥を作るスペースがあるか、堆肥舎を建てなければならないほどの量になるかなど、状況によって使うかどうかを決めてください。

## ▼機械の修理費を抑えるために

最も変動が大きいのは機械の修理費です。

ゼロですむこともあれば、数十万円かかることもあります。修理費を極力減らすには、メンテナンスをしっかりやっておくことが大事です。エンジンオイル50時間、オイルフィルター100時間、ミッションオイル250時間など、アワーメーター（走行距離計の代わりについている稼動時間計）を見ながら、確実にオイル交換を行うことです。

グリスの注入も忘れてはいけません。農機のなかには、グリスの注入箇所となるニップルが10ヵ所以上あるものもあります。しかも半分くらいは注入しにくいところにあるので嫌になりますが、これを怠ると耐用年数すら持たなくなることもあります。

しかし、グリスをきちんと注入しておけば、耐用年数の倍以上の期間、ほとんど故障なしで動くこともあります。アワーメーターがなくてメンテナンスのタイミングが掴めないのなら、年間の稼働時間を想定して、このくらいと思える時期に消耗部品やオイルなどを交換するようにします。

機械を買って耐用年数を使ったら終わり、というのは、ほかの業界では通用しても、農業でこんなことをやっていたら儲かりません。機械を長持ちさせることから手を抜かないでください。

## 農薬を使うときの注意点

農薬の危険に最もさらされているのは、消費者ではなく農家です。作物についた農薬は、出荷前に人体に安全な水準まで毒性が落とされますが、農家は致死量に達する量の農薬を扱っているからです。

農薬の散布で気をつけてほしいのは、薬剤の説明書をよく読み、散布時に防毒マスクを着用し、散布後はうがいをして早めに風呂に入ることです。地面一面に散布する場合、無風状態なら農薬が体にかかることはまずありませんが、油断は禁物です。

農薬の散布に使う機械一式は、二セット購入するようにしてください。殺虫殺菌剤用と除草剤用とを使い分けるのです。なぜなら一台で両方の用途に使おうとすると、殺虫剤で作物を枯らせてしまうことがあるからです。

殺虫剤を散布したのに、なぜ作物が枯れるのでしょうか。それは散布機のなかに、前に使った除草剤が残っているからです。

除草剤を使うと、機械の内部やホースのなかに作物を枯れさせるのに十分な濃度の除草剤が残ります。これをきちんと処理しないで殺虫剤の要領で散布するから、殺虫剤と一緒に除草剤をまいてしまうのです。

散布機一台ですべてをまかなうのであれば、除草剤を使ったあとは機械とホースに水を通して、除草剤を完全に抜いてしまわなければなりません。

しかしやってみると、この水を通す作業がけっこう面倒なのです。散布機やホースなど一式はそれほど高いものではないので、二台を使い分けたほうが面倒がなく、ストレスがたまりません。

また風の強い日の散布はできるだけ避けるようにしましょう。殺虫剤はあまり問題になりませんが、散布量が飛ばされてしまい不十分な量しか作物にかけられないことになりかねません。除草剤を風の強いときに散布すると、やはり風に飛ばされて想定外の作物にかかってしまうことがあります。

除草剤の量が多ければ作物は枯れますし、そうでなくても相当なダメージを受けて成長が遅れてしまいます。

204

## 大災害に巻き込まれたら

周到な準備と質の高い仕事が、就農成功の必須条件です。

しかしそれだけでは成功できないのが世の習いです。1999年9月に肉牛で就農した人は、どんなに上手なやり方をしていても、2年後に地獄を見たことでしょう。BSE（牛海綿状脳症）感染牛が日本で初めて見つかり、牛の市場価格が大暴落したからです。

肉牛は一般に多くの資本を必要とします。今は大畜産農家となっている農家も、ほとんどが大きな借金を抱えて出発しています。自分に返せるだろうかと不安になるほどの借金を抱えて2年間がんばり、やっとお金が入ってくると思ったときの、まさかの大暴落。もし自分が当事者だったらと思うと寒気がします。

そのほか台風によってハウスが倒壊したり、冷害や病害虫が蔓延して収入の大幅な減少や大損害を被るリスクが存在しています。こうした大事件や大失敗によって借金の返済ができなくなりそうだと思われるときに、消費者金融で穴埋めしようなどとは思わないでください。まず農協などに事情を説明して、債務の繰延《くりのべ》などの策をとれないか相談してみることです。

## ▼きちんと返済計画を提示しよう

このとき大事なのは、こうしてもらえば何とかなるという返済計画を提示することです。金の貸し手にとって最悪の事態は、借り手が破産することです。突然、夜逃げされたりしたら、融資担当者は頭を抱えてしまいます。

しかし事前に相談があり、こうすれば返済が続けられるということがわかれば、何とか対処のしようがあるものです。金融機関も避けようもない災害で大打撃を受けた場合は、できるかぎりの協力をしてくれるはずです。

返済がある程度終わっていて、追加融資ができるくらいの担保余力が残っているようなら、追加融資が可能でしょう。不幸にも追加融資が無理なら、返済猶予期間の延長や返済の一時停止などが考えられます。どうすれば夜逃げをしなくてすむのか、相談する前にあらかじめシナリオを描いておきましょう。

ちなみに大きな事件によって地域全体が打撃を受けた場合、政府や都道府県が緊急に対策を打つ場合があります。

こうした対策は急いで実行に移されるとはいえ、1ヵ月以内といった期間に間に合わないことが多く、被害全額を埋められないことがありますが、情報は見逃さないようにしてください。

## 家族が不適応を起こしたら

農家になることに家族の了承は得ていても、実際に就農してみると家族が農村社会や農業の現実になじめないことがあります。

農村社会に限ったことではありませんが、こうした不適応を家族が起こすと、仕事での能力が発揮できなくなるのみならず、仕事の意義すら怪しくなってしまいます。

最悪の場合、家族が鬱《うつ》状態に陥ることになります。

〝男はロマンチスト、女はリアリスト〟とよくいわれますが、女性の場合は一般に男性より適応力を持っていることが多いようです。しかし必ずそうだというわけではありません。

社会に対して不適応をきたす人は、おおむね2つのタイプに分けられます。1つは、自分に自信がなく、自己主張もせず、気を使いすぎるタイプです。もう1つは、自信満々で思想的に固まりすぎているタイプです。

### ▼最大の理解者はあなた自身

前者の場合は普段のケアが大事です。農業はまず間違いなく、ビジネスパーソン時代より家族と接触する時間が持てるようになるので、この利点を活用してください。ビジネスパーソン時代には、平日はいうにおよばず、場合によっては休日も仕事に追われて家族と話ができなかった人が多いことでしょう。こういう人は、家族の話に耳を傾ける時間を十分にとってください。相手が何を不満に思い、何に悩んでいるのか、話を聞くだけで家族の孤立感を防ぐことができます。

また農業以外のアルバイトをしたり、女性会や青年会などに参加してもらうのも効果があることがあります。周囲に友人や自分の理解者ができると、不満が和らぐケースが多いからです。

農村社会が嫌だと思っている人は農村にもたくさんいます。周囲に理解者がいるということほど、このタイプの人にとって心強いものはありません。もちろん最大の理解者は、あなたでなければなりませんが……。

後者の場合は厄介です。傍目《はため》には根拠のない自信でも、当人は大変な自信を持っているものです。無農薬栽培ができなければ農業じゃないとか、子どもの教育のためにはレベルの高い進学校に入れなければならないとか、自分の抱いている常識を疑おうとはしません。そして希望がかなえられないとヒステリーを起こし、精神的に追いつめられてしまうのです。

ある程度は前者と同じ対応で何とかなりますが、思想の根本のところが社会と相容れないので、いざここが、がんばりどころというときに足をひっぱられたりします。

子どもがいると難しい場合が多いのですが、就農後3年が経って状況が悪化するようであれば、離婚や別居なども検討したほうがよいかもしれません。それができないなら、農業で成功していても、再転職という選択肢を検討しなければならないでしょう。

## 農協以外の販売ルートのメリット／デメリット

多くの農家は、自分の作った作物を農協を通して市場に出荷します。農協を通すのは、一番手間がかからないからです。もともと農業協同組合は、個々の農家が零細で市場の支配力がないため、共同してやろうとして作られた組織です。

個々の農家が零細でも、数がまとまって大量に出荷すれば、市場での存在感も増し、大口のお客様もついてくるわけです。

この方法は、昭和の時代までは有効でした。今でも有効です。しかし、平成に入るころになると農協以外の流通が増えてきます。契約栽培や直売所、そしてインターネット通販などです。

契約栽培は、大口の客であるスーパーや飲食店などが、大規模農家に「野菜を売って欲しい。これだけ作ってくれたらいくらで買う」と言って、直接取引することをいいます。

契約栽培を依頼される農家は、規模が大きいだけでなく良いものを作っていると市場での評価も高い農家です。多くの場合、スーパーや飲食店が買ってきた農作物の出荷者の名前を見て連絡してきます。

スーパーや飲食店は、これだけの数が欲しいという代わりに、一般に市場価格より高い値で農作物を買ってくれます。そのため、契約栽培を受注すると農協ルートよりも一般に高収益になるわけです。

しかし、契約栽培は、最初の約束である、数の確保がままならないことがあります。冷害など農家の努力ではどうにもならない事情で作物の収量が減り、求められるだけの量が作れない場合もあるわけです。

求められる量が出荷できないと、ペナルティが課せられることがあります。ペナルティがなくても、契約は絶対に守らないといけないと思う農家は、あらかじめ契約数量よりも多めに作って、まさかのときに備えます。そうすると普段は農作物が余るのですが、そんなときは農協を通して市場に出したり、直売所で売ったりすることが多いようです。人によっては足りなくなると周囲の農家から買い付けて数を揃えたりもします。

### ▼直売所のメリット／デメリット

直売所は、農家が直接店に出向いて商品を並べ、値段をつけて売る方式です。農協や民間企業が経営するスーパーと見まがう大型店舗もあれば、バスの停留所くらいのスペースで野菜が並べてあるだけで「どれでも一個１００円」という値札がつけてあり、買う人は欲しいだけ野菜をとると、買った分のお金を置いて帰る無人店舗まであります。

農家が直接値段をつける店として注目されてきた業態で、直売所に商品を出す農家のなかには直売所の売上だけでメシを食っていく人もいたりします。

農家として見た場合、直売所は良い意味でも悪い意味でも使い方に工夫が必要な販売ルートです。販売するものによって、あるいは販売時期によって儲かることもあれば損もするからです。トクをすることが多いのは、地域の名産品などで供給が少なく、需要のほうが多い場合です。高価な名産品となると、休日には作っている地元で買ったほうが良いものを安く買えると考えた都会の人がわんさかと詰めかけて、並べられた特産品をごっそり買っていくようなこともよくあります。

そんなときは、農家は朝並べた商品が開店1時間でなくなったりしますので、何回も出荷のために自宅と直売所を往復したりします。

多少高値をつけても売れますから、いくら忙しくても農家はがんばって出荷にいそしみます。が、あまり多いケースではありません。

直売所は、その地域の農家が作った作物を持ち寄っていますから、どこの農家の持ってくるものも同じようなものになりがちです。そのため、同じものが大量に出荷されて供給過剰になることもよくあるのです。

そうなると売れませんから、農家は値段を下げて自分のだけは売れるようにしますが、同じことを誰もがするようになると価格の叩き合いになってしまうことがあるのです。

そうした「競争」を避ける手段は、ほかの人が作っていない作物を作るとか、ありふれた農作物でもあまり出てこないときに出荷できる体制を整えるなどの方法があります。

たとえば、山間部ですと夏に高度の高いところで冷涼な気候を好む作物を作って、平野部に出荷して売るとか、施設栽培によって出荷時期を多くの商品が出てくる時期からずらすなどの方法になります。

直売所は、立地も、市場規模も多様すぎて、ここではどうやって売ればいいのかというのはなかなか言えませんが、人とは違うことをしたがる人のほうが、儲けは出しやすいと思われます。インターネット通販に関しては、後述します。

## 農業IoTを活用した規模拡大と集落営農

第7章で書きますが、今後の農業はIoTの進展によって大規模化が容易になります。なんとか農家としてやっていける自信がついたら、大規模化に取り組みましょう。

とはいえ、多くはすぐには対処できないでしょう。就農後数年ですと、大きな借金をしている人はまだ返済途上でさらに投資をする余裕はないでしょうし、農業機械のIoTが進むといっても、すべて同時に進んでいくわけではないからです。

最も早く農機のIoT化が進むのは稲作です。稲作に使える無人トラクターや無人コンバインが最初に普及してくるでしょう。そのほかの作物用は、稲作用が出揃った後に出てくると思いますが、おそらく数年は遅れて出てくるでしょう。

この原稿は2019年に書いていますが、稲作はIoT活用によって数年のうちに規模を急速に拡大する農家が出てくるでしょうが、他の作物は遅れるはずです。おそらく2025年から2030年くらいにコメ以外の農業機械のIoTが進み始めるのではないでしょうか？

とはいえ、それまで無視していていいわけではありません。コメをやらない人でも注意して見ておいたほうが良いのは、無線ヘリ（ドローン）の活用です。すでに日本の水田の3分の1は農家が直接農薬散布せず、無線ヘリで農薬散布が行われています。

これからは野菜や果樹などでもドローンによる農薬散布が普通になってくるでしょう。当然無線ヘリのオペレーターが必要です。無線ヘリを操作できるようになれば、自分の農地だけでなく、人の農地もやってあげることもできます。その分収益になりますし、よりよい、高価な機械も導入しやすくなります。

## ▼集落営農は良い意味で踏み台になる可能性を持つ

こうした農業機械の進化の時期と合わせて、考えておかなければならないことがあります。集団（集落）営農とかかわるか否かです。

近年、多くの地域で集落営農と呼ばれる経営が行われています。集落営農とは、農村でどこにも後継者がいないために、集落全体が1つの経営体として農業をやっていくものです。

主にコメで行われていることが多いのですが、働く人たちに専業農家はいても1人か2人程度、実際はゼロといったところも多いでしょう。

比較的若い人が田植えや稲刈りなどの重労働をやって、草刈りや水管理などの軽作業を年寄りがやるといった形で行われます。利益は貢献度に応じて分配されます。

集落営農は、そうしたほうが儲かるからといって選択されることはそうありません。多くは地域の農業を守るためにやむなく行っています。

そのため収益的に苦しくなることがよくあります。

今後、新規就農する人たちは、近くで集落営農組織が立ち上げられる場合、あるいはすでに立ち上げられている場合でも、「入らないか」「手伝ってくれないか」とか、場合によっては「運営を見てくれないか」と言われることが多くなるでしょう。

それだけ働き手が不足しているわけです。

集落営農組織に入った場合、大規模にやることになりますが、普段の管理はかなりラクになることがよくあります。

大規模になると量が多くて大変な夏の草刈りを、農家を引退した年寄りの方が分担してやってくれたり、水田を見て水を入れるかどうか判断して水管理をしてくれたりもします。

これは経営上とてもありがたいことで、時間のかかる草刈りや水管理をやってもらうと夏に別の作物を作る時間的余裕もできて収益的に有利にもなります。

反面田植えや稲刈りなどは量が多くなるので大変になります。

また、もともと儲かると考えて組織化しているわけではないので、報酬もそれほど多くは期待できないでしょう。

しかし、そうした状況は、ここ数年で起こるＩｏＴの進展によってかなり変わってくる可能性があります。無人で動くトラクターや田植え機、コンバインを使えば、従来なら不可能なレベルの大規模化も可能になるため、収入面でも満足のいく仕事になるかもしれません。

ＩｏＴ技術を装備した農機具は高くつくでしょうが、集落営農に使うとなると市町村が大型農機の購入費の半額を補助するといったことも増えてくるでしょう。１０００万円や２０００万円、農家に渡せば地域の農業が守られるというなら、市町村としても安いものだからです。

ＩｏＴ技術は大規模化に向く技術です。ＩｏＴをフルに活かした農業を将来やりたいと思うなら、集落営農は、良い意味で踏み台にもなるでしょう。

就農する地域にもよりますが、将来の大規模化を考えるなら、集落営農を活用することも検討しておくと良いでしょう。

## ６次産業化で成功するためには

６次産業とは今村奈良臣氏が考えたキャッチフレーズで、「１次産業（農業）＋２次産業（工業）＋３次産業（サービス業）＝６次産業」になるという意味で使われています。

農業を作物を作るだけではなく、直接消費者に農作物を販売したり、自分の作った農産物を加工して小売店に卸したり、インターネットで売るなど、要するに作物生産以外の仕事もして、より収益を高めていこうとすることをいいます。

観光農園をやったり、レストランを作るといった場合も、6次産業化に含まれるでしょう。

こうした経営を考える場合、まず考えなければならないのは、以下の3点です。

・6次産業化のための労働時間をどうやってひねり出すか
・失敗したときの危険をどうやって減らすか
・成功するまでの期間耐えられる経営体質を持つ

### ▼6次産業化を成功に導くポイント「労働時間」

まず労働時間をどうやってひねり出すかです。

普通の農家は、普段農業をしていて、6次産業化に使うことができるのは夜だけになりがちです。農業の場合、日が暮れると作業ができなくなるので強制的に仕事をやめざるを得ないことが多いのですが、夜も働くとなればそれだけ長時間労働になります。

場合によっては、サラリーマンをやっていたころよりも長時間労働をしなければならなくなるかもしれません。

「そんな生活を自分は求めていたのか？」ということは最初に考えなければならないでしょう。

もっとも観光農園は別です。観光農園は収穫作業を客にやってもらってお金までもらうという業態なので、むしろ仕事はラクになることが多いでしょう。とはいえ、観光農園もイチゴ狩りのようなものだけでなく飲食店も併設するようになるとそれなりに大変になるでしょう。

## ▼6次産業化を成功に導くポイント「競争力」

時間の問題をクリアできたら、次にどうやって競争力を持つかです。農作物のインターネット販売にせよ、加工食品を作るにせよ、売るにせよ、多くの競合農家や競合企業が同じようなことをやっています。そこで自分が作るものをお客様に選んでもらわなければなりません。イチゴのアイスクリーム程度のアイデアは誰でも思いつきますし、その程度のアイデアで安易に参入して失敗してきたケースは数えきれないほどあるのです。

実際、よくある失敗のパターンはこんな感じです。

6次産業化を思いつく↓自分の作っている作物を原料にする商品を作る↓宣伝する↓最初はそこそこ売れる↓客足がすぐに止まる↓再び宣伝する↓少し販売実績が上がるが宣伝費を賄うほどではない↓宣伝するがさらに売上が下がる↓広告費用が出せなくなって宣伝をやめる↓さらに客足が遠のく↓嫌になってやめる

では、成功例はどうしているのかというと、多くはたまたま成功したにすぎません。偶然、消費者に支持されるものが作れたというだけのことです。日本を代表するような食品会社といえば、先にあげたカゴメをはじめとして、江崎グリコや森永、ハウス食品やコカ・コーラ、アサヒビールなどたくさんの会社がありますが、こうした一流企業でも商品開発は何度も失敗をくり返しているのが実態なのです。素人がちょっと思いついて作ってみた程度の商品が、多くの会社が競争をくり返している市場で、簡単に歯が立つと思うほうがおかしいのです。

## ▼加工食品の分野における成功の秘訣とは？

そもそも、この分野で「成功」とはどんなことをいうのでしょうか？

当然、儲かることですが、どうすれば儲かるのでしょうか。

一番儲かるのは、少品種大量生産です。伊勢の名物、赤福のあんころ餅のように1つの商品を大量に売ると儲かります。大量に生産すれば機械化もできて生産性は向上していきますから売れば売るほど儲かることになります。

これに対し、多くの菓子を作っている会社は、総じて利益率は低くなります。会社の年商は大きくても、たくさんある商品がすべて均等に売れているような場合は、大量生産のメリットを受けられませんから利益率は低いままなのです。

利益率が高いのは、売上の20％以上を占める看板商品（一番商品）を持っている場合です。看板商品を持っていると、看板になる1つの商品が、大量生産のメリットを活かして企業利益の大半を叩き出すので利益率が高くなるのです。

その究極の姿が、伊勢の赤福だといってもいいでしょう。ということは、お菓子などの加工食品を作って儲けるには、少ない品数で大量に売ればいいわけです。

ところが、先に述べたように、たくさん売れるヒット商品は簡単に作れません。日本を代表するような食品会社にも簡単にできないことが、どうして素人に毛の生えたレベルの我々にできるのでしょうか？

ヒット商品を作るには偶然に左右される。ならば、偶然当たるのを期待して、下手な鉄砲でも数を打つことです。たとえば、商品開発資金が仮に1000万円あるとすれば、1つの商品を作るのに1000万円丸ごとつぎ込むのではなく、100万円の開発費で10個の商品を作るということです。

幸いにも一発目で当たるか、3回目で当たったり、開発資金が尽きる最後の10発目で当たるかは、やってみないとわかりません。10商品を開発しても1つも当たらない場合だってあり得ます。10回挑戦しても歯が立たないとなったとき、あきらめるか、さらに挑戦を続けるのかは人によりますが、どうしてもできないならインターネット通販など、別のやり方を考えたほうがよいかもしれません。

### ▼インターネット通販は安全性と夢がある

インターネット通販も競争相手が多いのは間違いありません。

近年、農家に「全国の消費者に、自分の作った農産物を売りませんか？」などと電話がかかってくることが多くなりました。農産物を扱う会社からの電話なのかと思って話を聞いていると、正体はＩＴ企業で、ＳＥＯ（検索エンジン最適化）の営業の電話です。

消費者相手にインターネット通販をしようとしても競争相手は多く、どうやって検索エンジンの上位に自分の通販サイトが表示されるのかと悩む人がそれだけ多いのでしょう。

インターネット通販も毎日それなりに売れなければ、手間ばかりかかってなかなか収益になりません。ある程度ネットでの認知度が上がり、毎日たとえば20人くらいが注文を入れてくれるといった状態に持ってくるまでにはかなりの手間と時間を要するでしょう。

とはいえ、ネット通販は始めるのにたいした資金は必要ありません。ホームページの設計なども、今では誰にでもできるよう作られた無料のツールがネットにいくつも転がっているので、以前よりもはるかに簡単にスタートできるようになっています。

言い換えれば、成功するのは簡単ではないが、失敗したところで、たいした痛手を受けるわけでもない。それがインターネット通販です。だから、「当たれば、もうけもの」程度の気軽な気持ちで始めるのが良いのではないでしょうか？

実際にやっている人に話を聞くと、たいして儲からないが、「お客様から反応が返ってくるのが嬉しい！」とおっしゃる方がけっこういます。もちろん、お客様に満足してもらえない商品を送ってしまったりして、お叱りを受けてへこむこともあるのですが、「私の作る野菜を待ってくれている人がいる」と思うと、農作業に疲れても、「もうひとがんばりしてから家に帰ろう」といった気持ちになるそうです。

どんな売り方を試みてもいい。手間はかかるが、カネはたいしてかからない。うまくいけば全国のお客様を相手に商売ができる。安全性と夢があるという意味では、インターネット通販はやりがいがあるでしょう。

# 第6章

# よくある質問「Q&A集」

本章では、多くの人が考えるであろう心配について質疑応答形式で紹介していきます。

## Q 私はもともと体育会系ではなく、体力に自信がありません。

体力がなくても普通に農業をやっている人はいくらでもいます。農業は肉体労働のイメージがあり、体力に劣る人には難しそうに思えるかもしれませんが、現代の農業は、意外と体力を使いません。作物や作り方、あるいは栽培時期によっては重労働になることもあります。

しかし、農業機械の進化によって、これから重労働はどんどん減っていきます。また、軽作業程度の労働で行える農業もあります。

典型例はイチゴでしょう。イチゴの苗は小さく、収穫されるイチゴは軽量です。イチゴの出荷は、スーパーでよく見るパックの4個入り段ボールか、10個入りコンテナの出荷になると思いますが、いずれもさして重いものではありません。もっとも、かがんで行う作業が多いので、その点は姿勢に無理があって大変かもしれませんが、解決法はあります。高設栽培と呼ばれる、机ほどの高さで栽培する方法を取ればいいのです。これだと無理な姿勢を取ることがないので、かなり高齢になり、体力が弱っていても、続けていくことができます。

また、一見体力が必要そうですが、実際はそうでもない農業も多いものです。たとえば牛を飼うというと、扱う牛が大型動物ですから男にしかできないように思われるかもしれませんが、実際は女性でもできる仕事です。普段の作業は基本エサをやるだけだったり、乳を搾ったりするだけですから意外と重労働ではありません。たまにいうことを聞かない牛がいて苦労することもありますが、そんなときは男がやっても動きません。そんなときに必要なのは体力ではなく、牛がどうしたら自分の思ったとおりに動いてくれるか知恵を絞る頭です。

近年の農業機械は体力のない高齢者にも扱えるよう多くの工夫が凝らされています。また、重労働を軽減するパワードスーツも出てきました。

パワードスーツとは、簡単にいうと「着るロボット」です。

電動自転車が体力のない人にも坂道を上っていけるようにするのと同じで、体力のない人にも体力のある人と同じ仕事ができるように、スーツが力仕事をサポートしてくれます。

もっとも、体力作りをしておいたほうがいいのは確かです。

スポージムに行って鍛えたりする必要はありませんが、家と勤務先の距離が10キロ以内、電車で数駅程度だったら自転車で行ったり、駅の階段を2つ飛ばし、3つ飛ばして上がる程度はしておくほうがいいでしょう。体力の基本は足腰です。普段から足腰を使っておれば体力は付きますし、維持もできます。

## Q 夏の暑さが心配。熱中症などへの効果的な対策はありますか？

体力に自信のある農家でも、夏の真っ昼間に太陽の下で何時間も働くと熱中症になります。私も33度以上の気温で湿気が70％を超えるくらいになると、直射日光の下で2時間程度しか働けません。それ以上働くと、頭がクラクラして熱中症寸前になります。ほかの農家から体力があるほうだと思われている私でもこの程度です。

そのため、農家も最も暑くなる時間は、基本田畑に出て行きません。行くことがあるとすれば作物の生育を見に行くくらいで、普通は作業しません。

夏の作業で最も大変なのは夏野菜の収穫だと思いますが、たいていは朝早く起きて暑くなるまでに収穫を終えます。市場出荷なら10時から12時頃には収穫を終えて、午後は日陰で袋詰めなど「調整」と呼ばれる作業をし、夕方に出荷場に持って行くわけです。直売所などに朝とれたばかりの野菜を持って行くときは、開店前の10時までに出荷まですませて、午後は家で昼寝というパターンが多いでしょう。そして多少涼しくなった夕方から日が暮れるまで働きます。

暑さに極端に弱いという人なら、それでも大変かもしれませんが、夏にキャンプや海水浴に行ったりするのが苦にならない程度なら、十分にやっていけるでしょう。

## Q ハイテク農業に興味がない私は、新規就農に向いていない？

そんなことはありません。次章で詳述している「第2次農業革命」で農業のすべてが機械化されるわけではありません。実際、第1次農業革命が起こっても一部の農業は変わりませんでした。第2次革命でも同じでしょう。

第1次農業革命は、主に市場規模が大きく、かつ当時の技術で生産性が向上できる作物で進みました。田植機やコンバイン、あるいはミカンの選果（サイズ別に分類すること）などの分野です。

同じことは第2次農業革命でもいえて、市場規模が小さい作物の機械化はあまり進まないと思われます。よい機械を作る技術はあっても、機械がたくさん売れないと設計・開発費用を捻出・回収できないからです。

もっとも、1つ、市場規模の大きな類似作物があって、それ用に作られた機械を多少改造したら安くつくこともあるでしょうから、すべてそうだというわけでもありません。

また、高齢者で定年退職した人を中心に、家庭菜園に毛の生えた程度の規模で農業を趣味として楽しむ人もいます。そんな人は20年後も従来の農法で農業を続けていくでしょう。

新規就農を考える人のなかには、スローライフを求めている人も少なくないでしょう。そうしたスローライフと第2次農業革命は、対立するものでもないと思います。

なぜなら、昔かたぎの無農薬農家でも第1次農業革命で普及したトラクターや耕耘機くらいは使います。自分で牛や馬を引いて田畑を耕すよりラクだからですが、同じことがスローライフを楽しむ農家でも起きると思うからです。

## Q 農業を始めるのに、どの程度の資金が必要ですか？

扱う作物によります。一般論としていえば、できるものなら2000万円（もしくはそれ以上）を用意してください。最低でも800万円くらいは必要だと思ってください。

なぜこの金額なのかというと、設備投資と当面の生活費が必要だからです。

設備投資にお金が必要なのは当然です。当面の生活費が必要なのは、多くの場合、農業はすぐにお金が入ってこないからです。

サラリーマンなら今月働いた給与を来月にはもらえますが、農業ではもらえません。

たとえばコメなら4月から準備をして5月に田植えをして9月に収穫するなら栽培期間は半年になります。設備投資のほか、半年分の栽培経費と生活費がないと収穫までお金が稼げないので食べていくことができません。

2000万円用意できたら、これは設備投資として1000万円と2年分の生活費と考えてください。1000万円あれば、設備投資額が大きくなりがちな一部の分野を除いて、たいてい足ります。また1年の生活費を500万円とみて1000万円あれば、2年間は無収入でも耐えられます。

農業で食べていけるようになるのは一般に3年かかるといわれていますから、安全のために2年分の生活費を用意しておくわけです。

すなわち、2000万円あれば、かなり多くの分野で万全の準備ができて、最初に多少失敗しても生活に困ることはなくなるわけです。

資金800万円の場合は、設備投資に300万円、生活費に1年分500万円と想定しています。投資額が300万円程度ですと、ちょっと大きなハウスを1つ作るとトラクターは中古がせいぜいといったくらいで、最低限の設備投資しかできません。

失敗も1年しかできませんから少々危険が増します。お金があるほど資金に余裕ができて安全性は高くなり、少ないと危険になるのは当たり前です。もっと少ない資金でもできないことはありませんが、そのぶん選べる作物は限られてきますし、失敗したら後がなくなるということにつながります。このあたりの事情は、経営計画を作れば誰にでも見えるようになります。

## Q 最低限の資金である800万円も用意できません。

今すぐ800万円用意しろといわれて簡単に用意できる人はあまりいません。

しかし用意できる見込みがあるなら、お金を貯めてください。たとえば今300万円の貯蓄があって年100万円貯金できるなら5年で800万を貯めることは現実的です。

また、親兄弟や友人から借りることも検討していいかもしれませんし、就農するときに就農支援資金を活用することもできますが、最初からそうした資金に頼ることはおすすめしません。

もっとも、本当に最小限の資金で農業を始めるなら、数万円でも可能です。週末農業を楽しむ人によくあるパターンですが、トラクターを使うときは地元の農家にお願いして買わないようにして、鍬《くわ》やスコップなどを数万円程度で揃えて農業を始めることもできます。

そういう方が選ぶのは野菜の露地栽培がメインになります。というより、これ以外の選択肢は、おそらくありません。よくあるのが1反から3反程度の農地を借りて、年間何十種類かの野菜を作って、毎日地域の農産物直売所に出したり、週1、2回顧客に野菜セットを配達する方法です。

この農業のスタイルは、典型的なスローライフに見えるので、多くの人が憧れます。食べていけないとはいいませんが、第3章にも書いたとおり、相当に忙しいやり方です。

## Q 農業法人で修業してから独立するほうがいいのでしょうか。

場合によります。聞くところによると、農業法人の就職は比較的人気があるようです。イオンなど別に本業を持っている会社の農業部門では、多くの人が希望するので、ちょっと簡単には配属させてくれないところが多いようです。

しかし、そこはクリアしたとして話を進めていきましょう。

まず必要なのは、就職する農業法人が、自分がやりたいと思う農業のスタイルに合うところかどうかです。将来野菜を作りたいのに、畜産主体の農業法人に入っても、あまり意味がないのは誰でもわかるでしょう。

農業法人といっても、大きな法人になると農業だけをやるのではなく、マーケティングや加工食品の製造や飲食サービス、あるいは営業や経理といった一般のサラリーマンと同様の仕事もたくさんあります。

「オレは6次産業をやるんだ!」と考えている人なら、そんな大きな農業法人に就職するのもいいかもしれませんが、農業の実務を身体で覚えたいなら農業の実務をやらせてくれると約束してくれるところに行くべきでしょう。

個人的には、農業法人に就職して実務をこなしながら勉強し、独立を目指すのは悪い方法ではありませんが、素人が思っているほど勉強ができるわけでもないし、安全な就農法とは思っていません。

理由は簡単で、多くの農業法人にとって、新規就農希望者は労働力以外の何物でもないからです。農業を学んで将来独立したいという夢があるから、多少給料が安くとも働いてくれる便利な存在にすぎません。

自分から、この法人のノウハウを盗んでやろうとする人ならいいでしょう。そうでない人は、就農準備校や就農研修に行ったほうが良さそうです。

## Q 人付き合いが苦手。他の農家とうまく関係が作れるか不安です。

現在サラリーマンとして、なんとか勤まっている人ならば基本的に大丈夫です。あるいは地域の自治会やマンション組合などで、普通にやっていけているなら問題ありません。

ただ、強いていうならば、営業経験のある人や、人に甘えるのが上手な人のほうが溶け込んでいきやすいでしょう。

ただ、人付き合いが悪くても、あるいは人から嫌われるくらい性格が悪いと農業でやっていけないかというと、そんなことはありません。性格が悪くて、ご近所から嫌われている農家などいくらでもいます。そんな人でもやっていけているのです。

また、人と会話するのが苦手な人でも熱心に農業をやっているなら、かえって尊敬されることも多いはずです。

農村で尊敬されるのは、ベンツやロレックスを持っている人ではありません。熱心に農業をやる人です。それは地域に何十年と住んでいる古老だろうが、去年来たばかりの若造だろうが平等に、同じ基準で評価されるのです。

## Q 高校生です。将来農業をやるなら農学部に進学すべき？

基本、そうしたほうがいいと思いますが、今普通科の高校に通っているのを農業高校に転校したりはすべきではないでしょう。

普通に卒業して、農業者大学校や大学の農学部に進む道がいいと思います。

その後の進路は、行けるなら農協や都道府県の農業普及指導員（2005年までは農業改良普及員と呼ばれていた）を選ぶべきでしょう。

農協職員や農業普及指導員は、多くの農家と接するのが仕事です。多くの農家と付き合うことになるので、良い農家（儲かる農家と）とそうでない農家の区別がつきます。

良い農家の姿を見ていれば、自分にもできるかどうかは容易に判断できますし、学ばせてもらうこともできますから、就農に失敗する可能性は相当に低くなるでしょう。

## Q 大学生です。将来農業をするには農業系の会社に就職するべき？

農業法人や農業関連の会社で雇ってもらえるなら、それもいいと思います。

しかし、そうした会社に就職できなかったからといって悲観することもありませんし、必ず農業関係の会社にいったほうがいいとも思いません。農業の勉強は、本を読むだけでも相当できるのです。かくいう私も農業高校出身でもなければ大学の農学部も出ていません。大学を卒業して入った会社も農業とは無関係でした。

大事なのは農業関連にいくとかいかないとかではなく、真面目に仕事をすることです。

どんな業種の会社にいってもかまいませんが、いずれ農業をするんだと思って腰掛け仕事みたいなことはすべきではありません。勤め先でちゃんと仕事をして、お金を貯めつつ将来に備えてください。

どんな業種であれ、経験したことがいずれどこかで役に立つはずです。私の知る例でいうと、

古米
収穫後、1年以上経ったコメのことをいう。新米のほうが人気があるため、安く売られる。しかし昔のコメ不足の時代には、新米より炊いたときのボリュームがあったため、新米よりも高かった。

自動車ディーラーでメカニックをやっていた方は、機械に強くて普通の農家なら農機販売店に出すような機械の整備や修理を自分でやって高額な機械の維持費用を大幅に削減しています。

営業マンとして活躍してきた人は、スーパーなどに直接営業に行くのも抵抗ないでしょうし、バイオや化学のエンジニアなら自分の作る作物から化粧品などまったく新しい6次産業商品を開発するかもしれません。

金融の世界にいた方は、金融機関からカネを引っ張ってくるのが上手でしょうし、プログラマー出身者が農業現場を知って作るソフトウエアは、下手な大企業が作る農業用ソフトウエアよりも使い勝手の良いものを作れる可能性は高いでしょう。

就職先は、社会的に後ろ指を指されることが多い、アダルトビデオ業界でもかまわないのです。有名なアダルトビデオの会社であるソフトオンデマンドの創業者が古米を売るのに「熟女米」という名前を付けて発売したことがあります。売れるかどうかは横に置いておいて「さすがはアダルトビデオ業界出身だ。そうでなければこんなネーミングで古米を売ろうとは誰も考えつかないだろう」と感心した人は多いでしょう。

別に職業でなく、趣味を活かしてもいいのです。近年ときどき話題になる美少女アニメの絵柄の袋で売られているコメなど、アニメオタクの農家が考えついて始めたのでしょう。

どんな業種でもいいですから、そこで頑張って仕事をしてください。趣味も本気になって楽しんでください。そうして農業に入ってきてくれたら、自分の農業だけでなく、日本の農業にも貢献できる仕事ができる可能性が高くなります。

# Q 田舎には想像を絶する慣習があると聞きます。対処法は？

第4章でも触れたように、田舎に残っている地域独自の慣習をすべて把握することは、不可能だとは言いませんが、困難であることは間違いありません。

就農候補地に友人がいて地域のことを教えてもらえたりするなら「大丈夫だ」と言いたいところですが、その友人もあまり知らないのが実際のところです。

なぜなら、就農する集落に住んでいるという場合は別として、その地に何十年と住んでいる人でも、隣の集落のことは、よくわからないというのが実態だからです。

私の友人が田舎暮らしを始めました。私の住んでいるところと距離はありますが、同じ県ですから一応地元です。その友人から、ある日電話がかかってきました。地域の自治会から加入しないかと自治会長が訪ねてこられたのですが、入会金が300万円もするというので、びっくりして電話をかけてきたのです。

「自分は地域の人になるんだから、自治会に入れてもらえるのはありがたいことだし、できるだけ活動にも参加したい。会費も払う気はあるけど、まさか300万円も出せといわれるとは思っていなかった……」

なるほど、もっともです。いや、実は私もびっくりしました。

ゴルフの会員権ではあるまいし、入会にそんな高額のカネを要求する自治会など聞いたことがありません。普通に考えて、あり得ません。

しかし、現実に友人が困っているわけですから、返答をしてやらねばなりません。そこで、こんな助言をしました。

「今度自治会長が来られたら、払うと言え。もっとも、高額だからすぐには用意できない。分割払いになるかもしれないが、この地で生きていくのに必要なら必ず払うと言ったらどうか」

友人は、再び自治会長が来たとき、私の言うとおりに話しただけでなく、誠意を見せるため、自治会費の頭金として10万円を用意して自治会長に渡そうとしました。

すると、自治会長は意味不明な理由をつけてカネも受け取らずに帰ったそうです。

「何がどうなっているんだ……？」

彼の報告を聞いて、私も彼の住む地域の自治会の考えが想像もできないでいたのですが、数日すると自治会長のほうから私に接触してきました。どこで私を知ったのかと聞くと、私がアドバイスしていると、友人がしゃべったとのことでした。

「なんで、あなたがたの自治会はそんなに入会費が高いのでしょうか？　普通なら、せいぜい1万円前後じゃないですか？」と問い詰めると、自治会長は事情を話してくれました。

「実は、我々の地区は農外所得が相当あるのです……」

要はこういうことです。

この地域には、ある企業が進出して施設を造っていました。企業は土地を買うのではなく、借りることにしたそうです。その借りた土地が地元自治会の保有する共有地なので、地元の住人にはけっこうな額の地代収入が入ってくるのです。

施設ができたころ、この地域に新しく入ってくる住民がいました。この人たちは、おそらくは低収入なのでしょう。地価が安いこの地に家を建てて、遠方に通勤していました。通勤だけでも大変ですから自治会長が自治会に入ってほしいといってても入ってくれませんし、地元の活動に参加してくれといっても拒否します。

しかし、あるとき自治会に入っている家に地代収入が入っていると知ると、自分を自治会に入れて分け前をよこせと要求してきて大騒ぎになったそうです。

そのため、新しく入ってくる人には警戒してしまい、地代収入目当ての移住者を自治会から排除するために、断られることを前提で「３００万円出せ」と言ったのです。

ところが、これで相手はビビるだろうと思っていたら、今回は「出します」と言われてしまった。それで「あわてて逃げてきて、あなたに相談しにきた」となったのです。実際の自治会費は、数千円でした。

もし何か問題が起きたら、この人に相談したらいいとでも思われたのでしょう。自治会長は私の話に納得して、友人の自治会加入を認めました。

もっとも、友人は地代収入はもらっていません。完全に信用されているわけでもないのと、一部の地元住民が自分の分け前が減るのを恐れて「新参者にカネをやる必要はない」と思って反対しているようです。しかし、もともとそんなものを期待して移住したわけでもないので、友人はそれで満足しています。

今はもうないんじゃないかと思いますが、1月になると地域の人たちが集まって納税申告するところがありました。

おそらく、税関係の言葉に疎い人が多かった昔は、納税しようにも「手引き書」が読めない人も多かったので、みんなで助け合って納税の仕事をやろうとしたのだと思います。それが今に続いているのですが、みんな助け合いますから当然誰がいくら稼いだかも、みんなが知ることになります。

今の感覚では、個人情報保護も何もあったものではないのですが、始めた当時は十分に合理的だったのでしょう。そんな「地域のルール」は、一見不合理かもしれませんが、それなりに背景がある場合もあります。

とはいえ、そんなことは新しく入ってくる人には関係ない話です。できることは、就農候補地に実際に住む前に、地元の人の話をどれだけ聞けるかにかかっています。

## Q 独身女性です。就農すると農家の嫁候補にされないか心配です。

確かにそうなる可能性は否定しません。

ただ、今は農家も世代交代が進んでいます。昔のように露骨に嫁候補として扱われて、断ったら嫌がらせをしてくるような人は現役を引退していたりするので、そんな状況に陥る可能性は20年前と比べれば激減していています。その点は安心していただいていいと思います。

また、そういう人が就農地にいたとしても、対処はそう難しいことではありません。対策としては、「恋人がいるので」「婚約者がいるので」といっておくことです。それらしい人が訪ねてこないことを訝られたら、「彼は商社マンでカイロに駐在している」とか「南極の昭和基地で働いている」などと適当なウソをいっておけばよいのです。それでしばらくはごまかせます。

といってもせいぜい2年くらいが限度でしょう。ごまかしが利くうちに、自分が彼らのいうことを聞くような人間ではないことを教えることです。もちろんこちらの意図を知られないように伝えなければなりません。そうしないと、忘れたころに同じことをいってくる可能性があるからです。

私が最も効果的だと思うのは、普段の会話のなかで、「マネーサプライ（通貨供給量）」や「光合成細菌」など専門知識や専門用語を極力使って話をすることです。

そんな女性は、彼らにとって想像を絶する存在なのです。たとえば高齢者が関心を持っているものに、健康関連の知識があります。

「あれが健康によい」「これが健康に悪い」ということを話題にしているときに、「その根拠は統計学上有意とはいえない」「栄養学者に友達がいますが、番組に出てるあの学者さん、レベルが低くて相手にされてないって言ってましたよ」など、嘘でも何でもよいので反論し続けましょう。

要するに、「いい人だが簡単に御しきれるような女性ではない」と思わせるような行動をとるのです。「普通に付き合うにはよいが、嫁にもらったら大変なことになる」とか「家庭の平安を乱される」と思わせれば、二度と息子の嫁になどと言い出すことはありません。

蛇足ながら、専業農家の独身男性はパートナーとするには決して悪くない選択肢です。

多くは親のいうことをよく聞く、素直な子です。親のいうことを聞いて損をしたと思っている人も少なくありません。それがわかっていて、たとえば親への対策をきちんとできる人なら、真剣に結婚を検討してもよいと思います。ただし気が弱くて親のいいなりになっているだけのような人は避けましょう。

## Q パートナーや子どもが農業をしたいと言っていて不安です。

パートナーや子どもなど、あなたの大切な人が農業をしたいと言い出したら、多くの人が反対すると思います。その理由は、儲からないとか、仕事が大変だとか、田舎に住みたくないとか、将来性がないとか人によってさまざまでしょう。

別の進路を自分の大切な人が選ぼうとしているときに、周囲の人間が考えなければならないのは、パートナーや子どもにとって、今のサラリーマン社会なり、会社なりで生きることが果たして彼らの幸福につながるのかということ。さらに、農業が彼らに適した仕事なのかどうかということです。

今の職業や生活に満足している人なら、普通「会社を辞めて農業やりたい」とは言いません。それを言い出すのは、このまま同じ道を進んでいっても自分の将来が見えない、よくなるとは思えないからでしょう。

それを単に「忍耐が足りない」とか「現状から逃げようとしている」と断じ、否定することは、大切な人を壊す結果につながることもあります。

よく指摘されることですが、過労死してしまう人は、基本的にまじめで責任感が強い人が多いようです。そのため、「できない」と言えなかったり、高圧的な上司に逆らえなかったりして自分の手に負えないような仕事でも受けてしまいます。そんな無理を続けているうちに体を壊したり、精神を病んだり、場合によっては自殺してしまったりするわけです。

いわゆるブラック企業対策を行う団体の方によると、いわゆる「就職氷河期」に社会人になった人はとくに要注意です。

就職に苦労して、不本意な職場に入ったとか、派遣社員や契約社員になるしかなかったという人が多いところに、先輩社員も目の前の不景気に対処するのがやっとで、後輩のことまで手が回らないことも多かったようです。

そのため、ろくな社員教育やサポートが受けられなかった人が多く、相談相手もいないなかで孤軍奮闘していた人が多いのです。誰も助けてくれない、協力してくれない職場で必死に仕事をしているうちに、ある日、ポキッと心が折れてしまう。そして以後、一気に精神的に打たれ弱くなる人が目立つといいます。

よく成功者と呼ばれる人が、かつてとんでもない苦境に陥って、そこから這い上がってきた経験が、自分を成長させてくれたみたいなことを発言することがあります。これは確かに真実です。突然降ってわいてきた苦境。なんとかしようと、もがいているうちに、自分にあるとは思えなかった能力が発揮されて、自分でもびっくりしたといった経験を持つ人も世のなかにはたくさんいます。

しかし、それは本人にストレスに耐える力が人一倍あったり、運良く自分が壊れる前に事態を好転させられた場合に限られるのではないでしょうか？

転職には危険がつきまといますが、読者の大切な人はそれをわからないほど愚かなのでしょうか。そうではないと考えれば、彼らのいうことを不用意に「忍耐が足りない」とか「現状から逃げようとしている」とするのは、彼らの幸福を願う者としていうべきことなのか、考える余地があります。

### ▼農業の適性があるかどうか見極めるには？

次に、大切な人が農業の適性があるかどうかですが、サラリーマン生活をしているなかでも、休日には家庭菜園などで土いじりをしているような人は問題ないと思われます。

趣味とはいえ、時間を見つけては農業の真似事をしているような人なら農業が好きでしょうから、大丈夫でしょう。家にペットがいるから、長期間の旅行ができないと嘆くような人も適性があるでしょう。

また、単に憧れているだけではなく、人から指摘されるまでもなく農業関係の本を何冊も買ってきて読んでいたりするような人も大丈夫です。

そうでないなら、農業をしたいのではなく現状からただ逃げたいだけなのかもしれません。そんな場合は、大切な人に向いていると思われる農業以外の選択肢を用意してあげたほうがよいかもしれません。

大切な人に「農業ができないとは思わない。それでも……」と不安に感じる方は、収入が低くて食べていけないのではないかと心配されるのだと思いますが、それなら読者のあなたも一緒に農業をするなり、別の仕事をして大切な人を食わせればいいのではないでしょうか？

そんなことを私が考えるのは、あるカップルの相談に乗ったことがあるからです。男のほうは大学を出ています。しかし会社では鳴かず飛ばずで、「××大学出てるのに」と、裏ではバカにされる存在になっていました。

本人も第一志望の大学は落ちて、滑り止めに入った大学を出たコンプレックスがありました。それでも世間的にはＭＡＲＣＨや関関同立を上回る難関大学です。しかし会社に入ってからも同様に挫折して、自分に自信が持てなくなっていたようです。

私も未熟で、バブル世代でもあるので考えが甘かったのでしょう。「せめて3年は勤めてみて、それから転職を考えたらいいんじゃないか？」と言いました。彼は「やはりそう言われますか」と、がっかりした様子で帰りました。

その夜、彼の恋人から電話がかかってきました。声には怒気が含まれていました。これからどうしようかと相談しに行ったのに、彼がガックリと肩を落として帰ってきたので、いても立ってもいられなくなったのでしょう。

「私は今すぐ会社を辞めさせるべきだと思ってます。これ以上、彼が暗い顔をしているのが見ていられません。確かに言われることはわかります。石の上にも3年と言いますものね。でも、あの顔を見て、あなたは彼がこれ以上あの会社でやっていけると思われたんですか？」

「いや、そうは思わないけども、3年勤めずに辞めたら根性がないと思われて、転職に不利になるんじゃないかと……」

「そんな普通のアドバイスを聞きたくて彼はあなたのところに行ったんじゃない。そんなこともわからなかったんですか。私は、彼が笑顔でいてくれるなら、それでいいんです。それ以上何も求めません。実は私、看護士やってます。彼1人くらい食わせていけます！」

完璧に論破され、ぐうの音も出ないというのは、こういうことをいうのでしょう。自分がいかに一般論に縛られて、相手を見ずにものを言っていたのかを思い知らされました。

このケースのように、仮に会社を辞めてもパートナーの収入でやっていけるケースは少数派でしょう。とはいえ、大切な人のことを本当に考えているなら、今勤めている会社にこだわる必要はありません。今はすでに人手不足の時代です。辞めてもどこか行くところはあります。

何よりも最初にしなければならないのは、あなたの大切な人はなぜ大切なのかを問い直すことです。

たとえば大企業のサラリーマンなら、自分の見栄をよくするアクセサリーだからですか？

それとも家で待っておればお金を運んでくるＡＴＭだからですか？

もしそうなら、壊れたら捨てればいいので、反対すべきです。

そうでないなら、むやみに反対するだけではなく、大切な人の幸福を頭に置いて未来をどうするのか考えるべきでしょう。

# 第7章

# 20年後の農業の姿

## 2040年の農業はどうなっているのか？

最終章は、2040年ごろの農業はどうなっているのか、未来予測を書くことにしましょう。

私が子どものころ、見ていたテレビ番組に「ウルトラセブン」があります。

テレビに出てくるウルトラ警備隊の隊員は、腕時計の形をしたテレビ電話を付けていました。子ども心にカッコいいなぁと思いましたが、自分が生きている時代には、こんなモノは発明されたり、ましてや普及したりはしないだろうと思っていました。

そうした予想はまず高校生のころに裏切られました。セイコーがテレビウオッチと呼ばれる腕に付けられるテレビを発売したのです。それでも、「こんな小さな機械に電話なんか付けられないよな……」と、そんなことを思っていたら、いつの間にか携帯電話が出てきてどんどん小型化して、今ではウルトラ警備隊も持っていない多機能なスマートウオッチを多くの人が腕に付けています。同じことがこれから、農業にも起こります。

この20年で農業は劇的に変わります。変わる理由は、まずは高齢化による農業人口の減少です。農業人口が減少したって、そのぶん大規模農家の規模が大きくなるから大丈夫なのではないかと思う方がいるかもしれませんが、完全に間違いです。

現実は、その大規模農家すら高齢化して後継者がいません。

数年後、そんな大規模農家が高齢になり、とうとうできなくなって農業を辞めたら、あとに残った広大な農地を誰が耕すのか。途方にくれている地域は100や200ではきかないでしょう。

農地の資産的価値も、もはやマイナスになりつつあります。地域によっては貸し手が借り手に地代を払うところも出てきています。地代をタダにしても誰も借りてくれないので、借りてくれる人に農地の管理料として貸し手がカネを払うのです。

### ▼まもなく起こるであろう「第2次農業革命」とは？

日本の農業は国際競争力がないとよく言われます。実際には競争力のある作物もそれなりにたくさんあるのですが、そんな作物ですら「輸入物に価格で負ける」からではなく、「国内の農家が減りすぎて国内農家が作る量だけでは需要をまかなえない」から輸入に頼るようになる作物が増えてくるでしょう。これは、確実にやってくる未来です。

しかし、こうした流れを止められないまでも、かなり状況を挽回できる技術革新も、すぐ目の前にやってきています。

ハイテクがようやく農業に使えるレベルまで進化してきたことで、第2次農業革命が起きるからです。

第1次農業革命は、戦後の昭和の時代（1960～80年ごろ）に起こりました。それまで牛馬を使って耕し、人の手によって作物が植えられていましたが、このころから急速に機械化が進みます。まず牛馬が耕耘機やトラクターに変わります。もっとも機械化が進んだのは稲作でした。シーズンになると家族総出で何日もかかった田植えや稲刈りは、今では機械化によって1日ですんでしまいます。効率でいえば数十倍は上がったでしょうか。

第1次農業革命で起こった変化は、農業の姿を大きく変えました。まもなくやってくる第2次農業革命は、再び農業の姿を大きく変えることになります。

どんな変化でしょうか。第一にAIなど情報技術の進化によって自動運転が農業機械に導入されます。1人の農家が、多くの機械を同時にコントロールして、これまでの何倍もの規模の農業を行う。そんな時代になります。

これまでの農業機械は、原則として必ず1人のオペレーター（機械を使う人）を必要としました。トラクターも田植え機もコンバインも、とにかく動かす人が1台に最低1人は必要だったわけです。

実際には、機械を100％使い切ろうとすると、もう1人は必要なことも少なくありません。たとえば、田植え機は、同時に4条植える「4条植」というタイプがありますが、これですと1日中、田植え機を動かせば1日2ヘクタール（2町歩）程度の田植えが可能です。

しかし1人だけで田植えをしようとすると、実際には1日中、田植え機を動かせません。田んぼや育苗センターに取りに行って、植える苗を補充しなければならないからです。そのため田植え機をフルに動かそうとすると、田植え機を動かす人と、苗の補充に行く人の2人が必要なのです。

しかし、田植え機が無人で動いてくれればどうなるでしょうか？

人は苗の補充に専念できますから1人ですむのです。また、1人でトラクターを5台引き連れて、1人で5台のトラクターを同時に動かして、従来なら1人で5日かかった仕事を1日ですませる。そんな時代になります。

すでに日本の水田の総面積の3分の1は無線のラジコンヘリ（ドローン）によって農薬散布をしていますが、これも1人で5～10台を同時にコントロールする時代が来るでしょう。

ドローンで宅配便が配達される時代が来るといわれますが、実際に実現するのはこちらのほうが早いのではないでしょうか。ドローンが墜落したときの危険は、市街地にはあっても農地にはほとんどないからです。

## 精密農業の進化で起きることとは？

機械といえば、ほかに精密農業があります。

精密農業とは、これまでとは比較にならない精密さで作物管理ができることをいいます。たとえば農地に肥料をまくといっても、上手にまかないと肥料が多いところや少ないところが出てきます。また1枚の田畑の環境はみんな均一ではないことも多く、均一に肥料をまいても、肥料がよく効いて、できすぎる場所と、そうでない場所があったりします。

農家は毎年去年の状態を思い出して、場所によって肥料のまきかたを調整するのですが、それでも限界があります。

精密農業はそんな場所でも、作物が全部均一に育つように調整しながら肥料を散布します。たとえばトラクターに肥料散布機を付けるとしましょう。

トラクターには土壌分析のセンサーがついていて、耕したところの土の土壌分析を瞬時に行い、肥料成分が少なければ多めに、多ければ少量まくように肥料散布機に命令を出します。これによって農地全体の肥料成分の量が均一化できるのです。

従来の土壌肥料分析は、専門の機械が必要なので、普通は専門機関にやってもらいますが、コストが高くつくので、たいてい農地の数ヵ所から取った土壌サンプルしか分析できません。精密農業対応トラクターなら農地の何千ヵ所、何万ヵ所の土壌分析をこなしてくれて、しかも適切な肥料散布までしてくれるのです。当然のことながら、収量アップにも品質向上にも役立ちます。

野菜をロボットが収穫する機械の開発も進められています。

たとえばトマトならカメラに写るトマトを機械が大きさや色を見て、これは収穫していいものだと判断すると、機械がアーム（手）を伸ばしてトマトを傷つけないように、そっと収穫して箱に入れる。この技術はもう20年以上やっているはずですから、そろそろ製品化してもいいころです。

## ▼バイオテクノロジー分野で起きつつある革新

技術革新は機械だけではありません。バイオテクノロジー分野でも革新が起きつつあります。いわゆるゲノム編集です。ゲノム編集とは、文字どおり遺伝子のゲノムを編集する技術で、遺伝子組み換え作物よりもはるかに早く、コストも安く、目標となる機能を備えた作物を作ることができるようになります。

遺伝子組み換え技術は従来の育種技術では不可能な品種改良の道を開きました。コメを例にあげると、たとえば冷害に強い品種を作ろうとすると、従来の育種法ではコメのなかでも冷害に強い品種を掛け合わせることしかできません。同じイネ科で寒さに強い麦と掛け合わせることすらできませんでした。

しかし、遺伝子組み換え技術を使うと、コメに麦の遺伝子を導入し、従来の育種法では不可能なレベルの耐寒性能を持たせることもできます。

しかし理屈では可能でも、実際にそんな品種を作るのは大変です。麦の耐寒遺伝子をコメの遺伝子のちょうど良いところに組み込まないといけないのですが、これが簡単ではありません。何十万回、何百万回と遺伝子を組み込む作業を行い、偶然ちょうど良いところに組み込まれるまで試作を続けなくてはならないのです。そのため開発費用が莫大になるのが欠点で、事実上世界的な大企業でしか遺伝子組み換え作物を商品化することができなかったのです。

ゲノム編集は、クリスキパーキャス9と呼ばれるマーカーによって、必要な遺伝子を必要な場所に組み込みやすくする技術です。これによって遺伝子組み換え作物ほど多くの失敗を重ねなくても同様の作物を作れるようになるため、開発費用が劇的に減ります。そのため、中小の種子会社やベンチャー企業でも参入が可能になります。

遺伝子組み換え作物というと、何か危険な作物のように思う人もいますが、そうした考えも数年後には社会的に相手にされなくなるでしょう。

日本が開発した花粉症を治療する遺伝子組み換えのコメが、まもなく市場に出せる状態になります。日本人の2割が花粉症に苦しんでいるといわれますが、これが市場に出ると「遺伝子組み換え作物は危険だ」という主張は社会的にかなり力をなくしていくことになると思われます。

そうした「環境整備」を行った後に出てくるゲノム編集によって品種改良を行った作物は、消費者のみならず農家にも多くのメリットをもたらすでしょう。

## 従来の常識を覆すほど生産性の向上が進んでいく

すなわち、20年後の農業は、急激な農業人口の減少と同時に、ハイテクの活用によってこれまでの何倍もの生産性の向上が進んでいきます。大規模農家は従来の限界をゆうゆう破る大規模経営ができるようになるでしょうし、小規模の無農薬栽培をやるような農家も、無農薬で作りやすく、しかも収量の多い作物を作れるようにもなるでしょう。

ここ20～30年、「農業はこれからの成長産業だ」と言われてきました。それが、とうとう現実になります。

第2次農業革命によって、農業の生産性は飛躍的に上昇します。しかし、日本は少子高齢化に苦しんでいます。人口減少、とくに若者が減っていることは、すでに労働力不足として問題になっています。今は売上が悪いから倒産するのではなく、従業員を募集しても来ないから会社が潰れる時代です。

そんな時代ですから、農業に大きなチャンスが開かれているといっても、新規参入は少ないでしょう。現在、高齢化によって多くの農家が農業を辞めていきつつありますが、辞めていく農家の農地を耕す人が不足しています。これは、先に書いた農業の生産性が飛躍的に向上しても変わりません。今ある農家も自動運転の機械を導入するなどして大型化はするでしょうが、その程度では追いつけません。

農業人口は、2000年には390万人ほどいましたが、2017年には182万人、2018年には175万人程度になっていると見られています。20年で半減です。少子化で若い年齢層ほど層が薄いですから、20年後の農業人口の減少は175万人の半分ではききません。個人的な予想で恐縮ですが、私は175万人の4分の1である40万人程度になるのではないかと考えています。

現在、農業人口を175万人と想定すると、日本の人口1億人として農家1人当たり57人の食を支えている計算になります。40万人ですと農家1人当たり250人の食を支える計算になります。

生産性が5倍になるなら、それで間に合うじゃないかと思われるかもしれませんが、すべてが同じように5倍になるわけではありません。機械化がすでに進んでいる作物なら20年後5倍になっても、そうでない作物は2倍や3倍程度に留まるからです。

20年後、世界の人口は現在の76億人から100億人に増えています。食糧は今の倍程度必要ではないかと言われています。増える人口は1・3倍程度なのに、なぜ2倍必要なのかというと、食肉生産のために家畜に穀物を食べさせる必要があるからです。

しかし、新しい農地の開拓余地は、そうありません。そのため世界の趨勢は今の農地の面積で収量を倍にすることで乗り切ろうとしていますが、これも簡単ではありません。

なぜなら、いくら収量が多い作物をゲノム編集などで作っても、そんな作物を生長させるだけの力を持つ農地は、地球上にあまりないのです。

この点で日本は恵まれています。いくら灌漑農業をしても他国のように塩害が発生したりはしませんし、農地の腐植は豊富で、肥料成分を保持できる力もあります。

日本の経済力は、少子高齢化がいつ止まるかによるますが、少なくとも数十年後まで落ち続けるでしょう。経済力が落ちると長期的には円安になるわけで、外国からいつまでも安く穀物が手に入れられる時代は長くは続かないと思われます。むしろ世界の食糧事情が逼迫して価格が上がると、日本から穀物を輸出しなければならないケースも増えるでしょう。

そんな時代に農業人口が40万人しかいないというのは、いくら機械化が進んだとしても相当に不足だと思われます。とくに根拠はありませんが、最低100万人は必要かと個人的には予想しています。

すでに日本中どこも人手不足ですが、農業においても同様です。かつてないほどに参入障壁は低くなっています。そして、「はじめに」でも触れたように、実際にそうしたチャンスを見越して、すでに動き出している人もいます。それでも絶対数は足りない。

だからこそ、農業を始めるには、今がチャンスなのです。

# おわりに

本書は、2002年に発売された、拙著『農業に転職する』のアップデート版です。

当初、時代に合わせてIoT農業のことを書いて、残りは一部修正したらよいだろうとタカをくくっていましたが、実際にやると、想定よりはるかに多くの内容を改変する必要がありました。よく農業は旧態依然としているといわれますが、こうやって書き直していると、農業にも相当な変化があったのだと実感します。

しかし、そうした変化はまだ序の口で、本当の変化はこれから始まるのです。

2020年に70歳を迎える人は、1950年に生まれました。「もはや戦後ではない」と経済白書が戦後復興の完了を高らかに宣言したのが1951年です。彼らは中学生のときに東京オリンピックを見て、40代でバブル経済とバブル崩壊による経済後退を見てきました。

同じ時代を生きた農家は、17歳のときに日本のコメが100％自給されるようになった直後に就農し、以後農業の退潮が続くなかで生きてきました。

多くの農家が農業をやめていくなか、離農した人の農地を引き受けて大規模化した人もそれなりにいました。そんな人たちが、そろそろ引退したいと思うが、残された農地の引き取り手が見つからない。今はそんな状況です。

しかし、幸いなことに、そんなタイミングに合わせるかのように新しいテクノロジーが農業に入ってこようとしています。インターネットなどの情報テクノロジーは、人々の生活スタイルを変えましたが、これからは農業現場を変えていきます。

インターネットは、いろんな人がいろんな可能性を見出しました。アマゾンや楽天のようなネットを使って事業を行う大企業もできましたが、名もない個人にも多くの恩恵がありました。従来型のメディアでは決して表舞台に立てないような人でも、ネットを見ていた人が支持して大活躍する人も出てきたのです。

農業に入ってくるテクノロジーは、進化する方向はだいたい読めますが、おそらく我々が想定していないような技術も導入され、それを活かした農業も出てくると思います。

これを書いているころ、足も手も自由に動かせない、寝たきりの重度障害者の方がロボットを遠隔操作してウエイターやウエイトレスの仕事を行うカフェが話題になっています。

そんなロボットが行うサービスを見ていると、今の若者が年寄りになるころには、寝たきりの人でも農業が普通にできる時代がくるかもしれない。そんなことを思いました。

インターネット勃興期にネットに可能性を見出した人たちのように、今、農業に可能性を見出す人がどれほどいるのかわかりません。しかし、入っていくタイミングとしては、今が最高のときです。

最後に、本書の企画をご提案いただいたプレジデント社の書籍編集部長兼書籍販売部長の桂木栄一氏、ならびに編集をご担当いただいた遠藤由次郎氏、装幀デザインをご担当いただいた西垂水敦氏、さらに取材にご協力いただいた関係各所のみなさまに、この場を借りて感謝申し上げます。ありがとうございました。

## 農業でよく使う用語・略語の説明

ここでは、新規就農するうえで、最低限知っておくべき用語を列挙しました。野菜や果樹など分野別の用語まで触れると大量になりすぎるので、就農する分野が決まったら、個別に勉強してください。

### 1反(いったん)

日本独自の農地の面積の単位。1反歩(いちたんぶ)ともいう。約1000㎡(10アール)、約300坪程度。10反が1丁と呼ばれる。

### 1丁(いっちょう)

日本独自の農地の面積の単位。1丁歩(いちちょうぶ)ともいう。約1ヘクタール、3300坪。1町と書くこともある。

### 6次産業化(ろくじさんぎょうか)

東京大学名誉教授の今村奈良臣氏が提唱した、農業が「1次産業+2次産業+3次産業=6次産業」になるべきだとするキャッチフレーズ。農家が農産物生産だけをやるのではなく、農産物を使った加工食品を生産し、自前で流通させることで、食品メーカーや流通業が得ていた利益をとっていこうとする。

### 10a(10アール)

農地面積の単位。→1反を参照

### F1(えふわん)

雑種強勢という育種の技術で作られた動植物のこと。よく育ち、収量も多いが、F1からとった種はF1ほど育たず、収量も低いので使われることはほとんどない。そのため、農家は毎年種を買う。通常売られている農作物の種は、大部分がF1である。

### JA(じぇいえい)

農業協同組合のこと。ほぼすべての農家が加入している。民間企業の商社に当たる全農、農協を管理する全中、都道県を管理する経済連と、単協と呼ばれる地域の農協などの総称。もっとも経済連はリストラによって消滅している都道府県が多い。農協(単協)は、作物を出荷したり、農業資材を購入する経済部門、民間の銀行に相当する信用部門、生命保険・損害保険に相当する共済部門の3部門を持っている。

### 畔(あぜ)

田畑を区分する土を盛った境界線のこと。畦と書くこともある。

### 穴肥(あなごえ)

畝の適当な場所に棒などで穴を開け肥料を入れること。

### 雨よけ栽培(あめよけさいばい)

ハウスの屋根だけビニールを張り、前後左右は張らないようにして作物を雨に当てなくする栽培法のこと。葉に水分が当たると病原菌がつくので、病原菌を繁殖させなくするために行われることが多い。

### 育種(いくしゅ)

植物同士をかけ合わせるなどして新しい品種を作ること。最新鋭の育種技術は遺伝子組み換えやゲノム編集技術である。

### 移植(いしょく)

ポットや鉢などに種をまき、発芽してしばらく生長した苗を田畑に植えること。

### 一輪車(いちりんしゃ)

作物などを運ぶ、一輪の運搬道具のこと。

### 一貫経営(いっかんけいえい)

繁殖から肥育まで、すべて一農家で行う経営のこと。

### 畝(うね)

畑作で土を盛り、長い山のようにした盛り土のこと。土を盛っているところで栽培し、盛り上がっていないところは排水路や農作業を行うときの通路になる。

### 畝間(うねかん)

畝の幅のこと。30センチくらいから3メートルくらいまで、作物によって適切な畝間がある。

### 裏作(うらさく)

メインの作物を作った後、次にメインの作物を作るまでに農地を遊ばせずに植えること。コメが表作で、ムギが裏作となることが多い。

### 営農指導員(えいのうしどういん)

農協が置いている農業コンサルタント。都道府県の普及指導員ではカバーしきれない農協の支所単位で活動している。

**液肥（えきひ）**

液体状の肥料のこと。

**化成肥料（かせいひりょう）**

工場で主に化学的に作られる肥料のこと。化学肥料ともいう。工業製品なので成分が正確な量入っている。一般にまけばすぐ効く即効性の製品が多いが、樹脂でコーティングして遅く効くようにしているものもある。

**花卉（かき）**

観賞用の花全般のこと。花には食用もある。

**株間（かぶかん）、条間（じょうかん）**

作物を植える間隔のこと。作物によって適切な間隔がある。わざと間隔を狭めて植えるのを密植（みっしょく）といい、わざと間隔を広めて植えることを疎植（そしょく）という。

**灌漑農業（かんがいのうぎょう）**

水が不足しているところに水を引いて行う農業。日本のコメは水田に水を引いて栽培されるので灌漑農業で作られるといってよい。他国の灌漑農業は半砂漠など降水量がほとんどない地域でよく行われるが、こうした地域で灌漑農業を行うと、水が蒸発するときに浸透圧によって地中に含まれている塩が地面に上がってくる。雨の多い日本では、そうして上がってきた塩は雨で洗い流されるが、降水量の少ない国では洗い流すことができず、塩分が集積して塩害が発生する。

**減反制度（げんたんせいど）**

コメの生産制限を行う制度のこと。たとえば30%なら持っている水田の30%ではコメを作れないようにして供給過剰を防いだ政策。現在は廃止されているが、地域によっては今も自主的に減反をしていることも多い。

**耕耘機（こううんき）**

歩行型トラクターで、管理機と呼ばれることもある。主に家庭菜園で使われる小型機はミニトラと呼ばれる。

**作型（さくがた）**

作物の栽培方法のこと。露地栽培や施設栽培といった施設別や、作物の出荷時期をずらす促成栽培、抑制栽培などがある。

**施設栽培（しせつさいばい）**

ハウスなど、農作物を育てる施設を使って作物を育てること。養液栽培や植物工場もこのなかに入る。露地栽培では作れない季節に作物を作ったり、高品質の作物を作るための環境を整備するために使われる。

**遮光（しゃこう）**

光を遮ること。夏場に太陽光が強すぎたり、暗闇で成育する作物を作るときに光を遮る。

**集落（しゅうらく）**

地域の単位。自治会が形成される範囲でくくられることが多い。たとえば〇〇県〇〇市●●といった地名の●●の単位であることが多い。別名「部落」ということもある。部落差別は部落の単位で差別されることを意味するが、「部落」という言葉自体に差別の意味はない。

**鋤簾（じょれん）**

農地を耕す道具のひとつ。みぞ掘りなどに使う。

**水利（すいり）**

作物栽培に水を使用すること。水利権とは水を使う権利のことで、水利権がないと川の水をとることも法律上できない。一般に集落が持っていて、そのなかで各農家が協議して水を使う。水田地帯では渇水期や田植えの時期に十分な配分が受けられず、もめることもある。

**スーパーＬ資金（すーぱーえるしきん）**

日本政策金融公庫が融資する、農業経営基盤強化資金のこと。経営改善の計画を作り、市町村などで計画が認められると個人でも３億円、法人なら10億円の融資が受けられる。普通はＪＡが窓口となるが、ＪＡが融資をしてくれなくても、日本政策金融公庫がスーパーＬ資金を貸してくれることもあり、一部の農家に感謝され、頼りにもされている。

**全国農協青年組織協議会**
**（ぜんこくのうきょうせいねんそしききょうぎかい）**

ＪＡ全青協と呼ばれることもある、農協の青年農業者組織。対象年齢だからと入らなければならないものでもないが、地元の友人を作るには入っておいたほうがいいだろう。

**中耕(ちゅうこう)**

畝を軽く耕すこと。水や空気の通りを良くするほか、土寄せをかねた除草のために行うこともある。

**調整(ちょうせい)**

作物収穫後、出荷まで行う仕事全般のこと。作物の水洗いや乾燥、袋詰め作業などをいう。

**直播(ちょくはん、じかまき)**

ポットなどにまいて苗を育ててから移植したりせず、田畑に直接タネをまくこと。

**追肥(ついひ・おいごえ)**

作物を植えて、しばらく経って生長のタイミングを見計らってまく肥料のこと。

**接ぎ木(つぎき)**

作物の根の部分を別の作物のものに変えるため、切ってつなげること。根の病気になりやすい作物の根を病気になりにくい別の作物の根に換えることが多いが、収量増や冷害に強くするために行われることもある。

**土寄せ(つちよせ)**

作物が育ってある程度経ったころに作物の根元に土を寄せること。地面に見えている根に土をかぶせたりして根っこの部分の土を高くして倒伏することを防ぐ。

**定植(ていしょく)**

→移植を参照

**摘花(てきか)**

大きな実をより大きくするため、小さな花を除去すること。小さな花を除去することで、大きな実に栄養を集中させる効果がある。

**摘心(てきしん)**

果樹などで頂芽(茎の先端にある芽)を取ること。上に生長するのを止めて、横に生長して側芽を出しやすくしたり、作物の品質を上げるなどの理由で行われる。

**田畑転換(でんばたてんかん)**

水田を畑にしたり、畑を水田にすること。定期的に行うと雑草を減らす効果がある。

**倒伏(とうふく)**

風や重量によって作物が倒れること。収量の低下や品質低下につながるうえに、機械を使えなくなるなど不都合が多い。コメの場合、最悪刈り取り不能になって収量ゼロになることもある。

**徒長(とちょう)**

主に肥料をやりすぎて、作物の茎が細く柔らかく、そのうえ必要以上に生長してしまうこと。実ができるころになると実の重量を支えきれず、倒伏しやすくなったりする。

**トンネル栽培(とんねるさいばい)**

不織布などを使って畝に小さな温室状態を作って栽培すること。簡単低コストで温室状態を造れるが、構造が脆弱なので風に弱い。

**農業委員会(のうぎょういいんかい)**

1.市町村に設けられている、地域の農地を管理する部署のこと。農地を取得するには、農業委員会の許可を得なければならない。
2.地域の農家が集まって意思決定する会議のこと。農会(のうかい)と略されることもある。個々の農家の減反の配分が行われることが多い。

**農業会議所(のうぎょうかいぎしょ)**

農業委員会(上記にある1の意味)の全国組織。全国本部や都道府県センターは、新規就農相談センターの母体でもある。

**農業公社(のうぎょうこうしゃ)**

農業支援を行う公共企業体。都道府県や市町村によって地域によって呼び名が違うことがあり、「農業振興公社」「農業開発公社」「農業支援センター」「みどり公社」などと呼ばれることもある。農地中間管理機構(農地バンク)の運営元でもある。

**農業青年クラブ(のうぎょうせいねんくらぶ)**

各地の普及指導センターが作っている農業青年組織。新規就農すると入らなければならないといった義務はないが、地元の友人を作るには入っておいたほうがいいだろう。

**農業普及指導センター**
**(のうぎょうふきゅうしどうせんたー)**

旧名、農業改良普及センター。都道府県が運営する農家のサポートを行う組織、栽培ノウハウの教育や経営の助言、場合によっては農業のニュービジネスを開拓することもある、事実上の官営農業コンサルタント組織である。担当地域の農業に詳しく、多くの場合、新規就農時に最も頼りになる存在である。

**繁殖(はんしょく)**

動物や植物が子を生んで増えることをいうが、農業分野では動物に子を生ませて売る農業を繁殖という。

**播種(はしゅ)**

タネをまくこと。

**肥育(ひいく)**

動物にエサをやり、肥え太らせて出荷し、肉にして売る農業。肉にする作業は、法律で指定された食肉解体場でプロによって行われるため、農家が直接行うことはない。

**肥料の3要素(ひりょうの3ようそ)**

窒素、リン酸、カリウムのこと。元素記号や化学式からNPKと呼ばれることもある。植物を育てるうえで最も大きな影響力をもつ3つの肥料成分である。

**待肥(まちごえ)**

植物の根が広がったあたりに集中して肥料を配置すること。生長初期に肥料を効かせたくなく、生長後に効かせたいときに用いられる。

**間引き(まびき)**

タネを必要以上にまき、よく育つ芽だけを残して抜き取ること。発芽率の悪い作物の場合によく行われる。

**芽かき(めかき)**

作物が必要以上につける、不要な枝を作る芽を除去すること。残した枝葉に栄養が集中し、日光もきちんとあたるため作物の生長が良くなる。

**元肥・基肥(もとごえ)**

作物を植える前に田畑に入れておく肥料のこと。

**誘引(ゆういん)**

作物のすぐ近くに支柱やネットを立てるなどして作物の生長を助けること。実を付けると重くなりすぎて自力で立てない作物の補助や、ツルを伸ばして生長する作物の生長方向を調整したりするのに使われる。

**有機肥料(ゆうきひりょう)**

主に家畜の糞や農作物からとった「かす」など自然物を使って作られた肥料。肥料成分は化学肥料ほど安定せず、不純物が多いので一般に大きく重くなる。肥料の効きは一般に遅い。また未熟なものを大量にまくと、メタンガスが発生し、作物を痛めることもある。

**養液栽培(ようえきさいばい)**

土を使わず、根のところは水に浸かっていたり、ロックウールを使った栽培のこと。水のなかに肥料成分を混ぜて作物を育てる。植物が生育するうえで土は必要だが、有害物質も含まれている。養液栽培は土のなかにある成育阻害物質を排除するため土を使わない。そのため露地栽培よりも多くの収量を上げられることが多い。反面、土が持っている病原菌の成育を阻害し遅らせる能力(緩衝能という)を持たない環境で育てるため、いったん病原菌が水中に入ると、作物が露地栽培よりも早くやられることがある。

**酪農(らくのう)**

牛乳をとる農業のこと。肉牛農家は、酪農農家ではない。

**輪作(りんさく)**

一つの農地を定まった順番で作物を植えて行くこと。たとえば、コメ→野菜→ムギと作り、再びコメに戻って同じことをくり返す。連作障害を防ぐ効果がある。

**連作(れんさく)**

毎年同じ作物を同じ場所で作ること。野菜に多いが、作物によっては連作すると成長が悪く収量も落ちることがある。これを連作障害という。連作障害を防ぐ最も一般的な手段は、連作してはいけない期間、同じ場所に同じ作物を植えないことである。

**露地栽培(ろじさいばい)**

普通に地面に植える栽培方法のこと。ハウスのなかで栽培したりせず、自然のなかで育てる。

著者プロフィール

**有坪 民雄**（ありつぼ たみお）

1964年兵庫県生まれ。香川大学経済学部経営学科卒業後、船井総合研究所に勤務。94年に退職後、専業農家に転じ、現在に至る。1.5ヘクタールの農地で米、麦、野菜を栽培するほか、肉牛60頭を飼育。著書に『農業に転職する』（プレジデント社）、『誰も農業を知らない』（原書房）、『農業で儲けたいならこうしなさい！』（SBクリエイティブ）、『イラスト図解 農業のしくみ』（日本実業出版社）などがある。

# 農業に転職！

## 就農は「経営計画」で9割決まる

2019年 7月14日　第1刷発行
2024年 7月17日　第2刷発行

著　者　　有坪 民雄
発行者　　鈴木 勝彦
発行所　　株式会社プレジデント社
〒102-8641　東京都千代田区平河町2-16-1
平河町森タワー13階
http://www.president.co.jp/
電話：編集（03）3237-3732　販売（03）3237-3731
編　集　　桂木栄一　遠藤由次郎
装　幀　　西垂水 敦（krran）
制　作　　関 結香
販　売　　高橋徹　川井田美景　森田 巌　末吉秀樹
印刷・製本　　中央精版印刷株式会社

ISBN978-4-8334-2320-5
Printed in Japan
落丁・乱丁本はおとりかえいたします。